JN257829

スッキリ!がってん!

二次電池の本

関　勝男［著］

電気書院

はじめに

電池という言葉には多くの方が親近感を覚えるものの，二次電池は大半の読者にとってなじみの薄い言葉ではないかと思う．語感そのものが硬いうえに，専門外の方々にとっては二次電池の具体的なイメージがなかなか湧いてこない．

筆者自身にとっても，今からおよそ25年前に，たまたま自身が二次電池事業に関わることになるまでは，ほとんど目にすることも耳にすることもない言葉だった．その後20年ほど，実務として二次電池の製造や販売に携わり，さらに退職後も，現役時代の知見を生かして，二次電池に関する執筆や講演をさせて頂く機会に恵まれたために，二次電池の専門家のような振りをしているものの，二次電池技術を体系的に学んだわけではなく，その理解度も低い．

それにも拘らず筆者が臆面も無く本書の執筆をお受けしたのは，実は「スッキリ！　がってん！」シリーズの「興味をもった分野について，専門書を読み解くための体系的で確実な基礎知識を，わかりやすく読者に届けたい」というコンセプトに共感したからである．浅学非才であるがゆえに，一般の読者の皆様とほぼ同じ視点から二次電池を見つめなおせるのではないか．それを整理しなおすことによって，筆者自身の二次電池への理解を深めることができ，その結果，わかりやすい二次電池の本を読者にお届けできるのではないか，との思いからである．

二次電池がどのようなもので，どれほど現代社会を支える礎になっているか，今後の社会の発展にどれほど寄与するポテンシャルを備えているか，といった観点から二次電池像をできるかぎり具体的に書き進めてみたい．本書が，読者の二次電池へのご理解にすこしでも資することができれば，筆者の望外の幸せである．

2015年11月　著者記す

目　次

3 二次電池の応用

1 二次電池ってなあに

1.1　まずは電気の話

(i)　電気発展の歴史

二次電池の詳細に立ち入る前に，まずは電池の機能に深くかかわり，電池の働きを理解するうえで必要となる電気の知識についてざっとおさらいをしておきたい．

自然界における電気の存在は古代から知られていた．

たとえば電気を意味する英語Electricityは，古代ギリシャにおいて，琥珀（こはく）（ギリシャ語でエレクトロン：Electron）をこすることにより静電気を生じることから，この琥珀を語源に名付けられたものであると伝えられている．他方古代中国においては，電気の電の字は雷と同義であることから，電気は雷のもとといった意味合いであったといわれている．

このように電気そのものの存在は自然現象として，さらには信仰的な尊崇または畏怖の対象として人類に知られていたものの，電気が重要なエネルギー源として日常生活に活用されるようになるのはずっと後の17世紀以降である．

簡単に電気の発展，実生活への定着の流れを追ってみると，17世紀から18世紀にかけては，電磁気学の基礎となるさまざまな発見，発明がなされ，理論的考察，体系化が進んだ．さらに実用的な意味では，19世紀以降，アレッサンドロ・ボルタ（Alessandro Volta）による電池の発明，マイケル・ファラデー（Michael Faraday）による電動機の発明などを先駆けとして，電気工学が急速に発展し，産業革命の重要な担い手の一つとして，広範な用途での電気の実用化が進んだ．

(ii)　電気の基本的な性質

電気は，素粒子がもつ物理的な性質の一つである電荷の移動や相互作用によって発生するさまざまな物理作用の総称であるとされている．電荷を備える代表的な担体としては，陽子（プロトン，Proton）および電子（エレクトロン，Electron）がある．通常，陽子は正の性質，電子は負の性質を有する電荷の担体であると考えられている．電荷をもった物質の移動によって電流が生じるが，この電流は正の側（正極）から負の側（負極）に向かって流れるものとされている．単純化のために，一般的には電流は電子の移動によって生じるものと説明されることが多いが，電子（e^-）は負の性質を有するため，電子の移動方向と電流の流れは逆方向であることに留意したい．図1・1は電

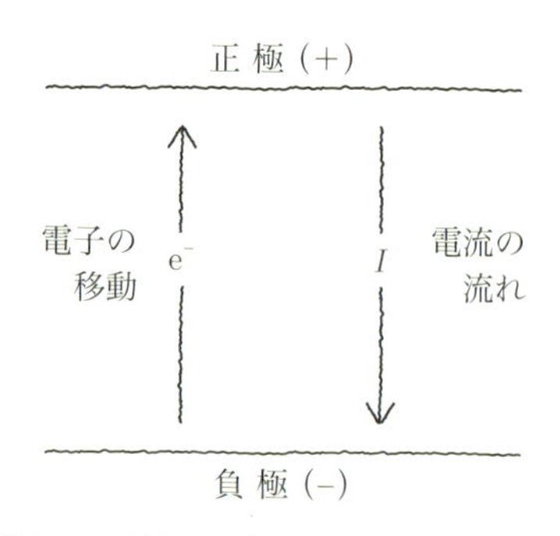

電子は負極側から正極側に向かって移動し，電流は正極から負極に向かって流れる．

図1・1　電子の移動方向と電流の流れる方向の模式図

子の移動方向と電流の流れる方向を模式図として示したものである．

図1・2は，基本的な電気回路の略図である．基本的な電気回路は正極（＋極）と負極（−極）とを備え，電気を生起する電源と，電気を消費する負荷（基本的な回路においては抵抗：R）との組合せからなり，この電源と負荷の間を導電性の高い電線で接続することによって構成される．

電源の正極と負極とには，地理学上の高さと同様に電気ポテンシャルの高さ（＝電位）を表す値がある．この正極と負極との電位の差は電位差と呼ばれ，ボルト（V）の単位で表示される．これは山などの高さの差（高度差）と同様の概念であると考えると理解しやすい．電位差は通常電圧とほぼ同義として扱われている．正極と負極との間の電位差すなわち電圧 V により，正極から負極に向けて負荷（＝抵

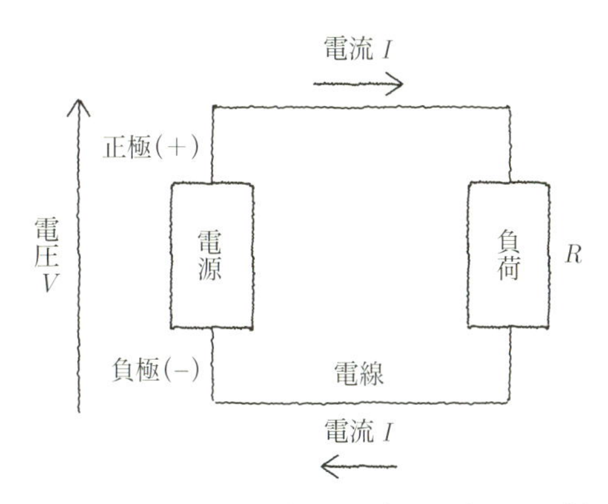

基本的な電気回路は，電気を生成する電源と，電気を消費する負荷と，この電源と負荷とを結びつける電線によって構成される．電源の正極（＋極）から負極（−極）に向けて，電線を経由し，負荷を通って電流が流れる．

図1・2　基本的な電気回路の略図

抗）R を通って電流 I が流れる．この関係は，電気回路の配線の電気抵抗をゼロ（0）であると仮定すると，下記の方程式で示される．

$$V = I \times R$$

これが電気回路の最も基本的な方程式で，電圧の単位はボルト（V），電流の単位はアンペア（A），抵抗の単位はオーム（Ω）である．

電流 I が負荷 R を流れることによって，負荷 R において電気エネルギーがほかの物理エネルギー（たとえば熱や光など）に変換される．すなわち，ここでなんらかの物理的な仕事がなされることになる．

電気の場合この仕事の量は電力量と呼ばれ，単位はワット（W）である．通常，電力は消費される量であるため，消費電力（量）と呼ばれることが多い．瞬時の消費電力は，電圧（V）に電流（I）を乗じた値で，次式で示される．

$$\text{消費電力}(W) = \text{電圧}(V) \times \text{電流}(I) = (I \times R) \times I = I^2R$$

また，特定の時間の間に消費される総消費電力は，この瞬時消費電力（W）に時間（h：アワー）を乗じたワットアワー（W·h）という単位で表される．なお，厳密には，電圧，電流ともに時間的な変動が内在しているため，実際の総消費電力は瞬時消費電力の時間積分値（累積値）である．

(iii) 直流と交流

上記の基本的な電気回路は，説明を簡単にするために一方向に電流が流れる直流モデルについて述べたが，実生活において電気を利用する場面では，電力会社から供給される電気（系統電力）を，屋内に設置したコンセントを介して，さまざまな電気・電子機器に接続して，これらの機器を手軽に動作させる利用方法が一般的である．

電力会社から供給される電気は，時間の経過につれて電流の流れる方向が交互に変わる，交流と呼ばれる電気で，1分間に電流の流れる方向が何回変わるか（＝サイクル）によって，交流50サイクルまたは60サイクルといった呼び方がされる．周波数の単位としてはヘルツ（Hz）が用いられるため，50 Hz（または60 Hz）という表記法も一般的に使用されている．

電力会社から供給される交流電力は，回転式発電機によって発電される電力が主体であることから，電圧および電流波形は正弦波状であるが，ほかの波形（たとえば方形のパルス波形など）の交流も存在する．

図1・3に直流と交流の代表的な電圧（または電流）波形の例を示す．

わが国においては，たまたま発電設備を輸入する当該地域の政治面などの諸事情により，設備の輸入元がアメリカとヨーロッパに分かれてしまったために，国内に50サイクルと60サイクルの地域が混在するという不都合が生じてしまった．その後，周波数混在地域の局部的な周波数統一化などの幾多の努力を経て，現在では新潟県の糸魚川と静岡県の富士川を結ぶ線を境に，東側（東京電力，東北電力，北海道電力管内）が50サイクル，西側（中部電力，北陸電力，関西電力，中国電力，四国電力，九州電力，沖縄電力管内）が60サイクルの電力供給圏となっている．サイクルが同一であれば，電力会社間の電力の融通（ある電力会社の余剰電力をほかの余力のない電力会社に売電すること）は比較的容易に行えるが，周波数が異なる場合は，この境界部に大規模な電気のサイクル変換施設を設ける必要があるため，サイクルが異なる電力圏間で融通可能な電力量はきわめて限られている．2011年に発生した東日本大震災によって，東京電力と東北電力

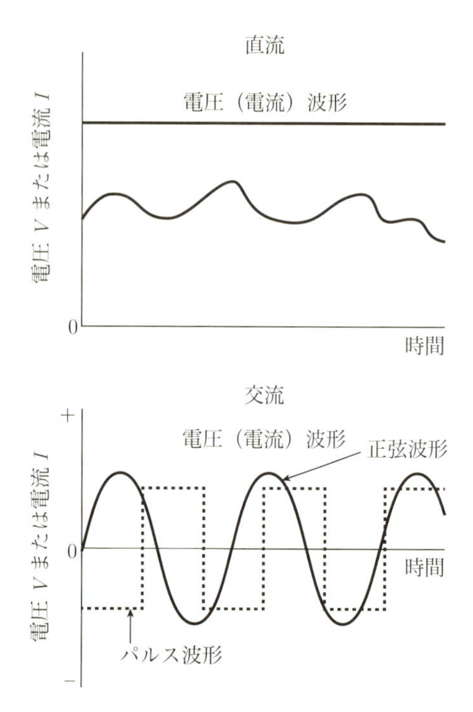

実際の電圧（電流）波形にはさまざまな変動要素が重畳されるため，必ずしも直線的（または理想的な正弦波形）ではない．

図1・3　直流と交流の電圧波形の例

所管の発電所および送電施設に甚大な被害が生じ，夏場の電力需要のピークをいかにしのぐかが問題になった際に，この周波数変換能力の貧弱さが大きな問題として取り上げられたことは記憶に新しい．

ⅳ　発電（電気を生成する機能）

電気を生成する機能は発電と呼ばれる．

後述するように，わが国の系統電力の発電は，火力発電，水力発電，原子力発電に大半を依存しており，特に火力発電への依存度が非常に高い．一般的には，石炭，石油，天然ガスなどの化石燃料を燃やすことによって生じる火力熱エネルギー，および核融合反応などによって生じる原子力熱エネルギーを蒸気タービンなどを利用して，または水流のもつ位置エネルギーや運動エネルギーを水車を利用して回転動力に変換して，回転式の発電機により発電を行う交流発電がよく知られている．これらの以前から主用されてきた発電施設は大規模なものが多いが，最近は自然エネルギー活用の観点から，身近にある小規模な水流を利用した小規模水力発電なども改めて着目されるようになってきた．同様に風力を回転力に変換して発電する風力発電も，特に欧米において大規模な開発が進んでおり，わが国においても中・小規模の風力発電施設の導入が進みつつある．

一方，直流発電は，従来は限られた用途にしか採用されていなかったが，太陽電池を使用した太陽光発電が次第にポピュラーになり，地球温暖化対策の重要な担い手として太陽光発電が脚光を浴びている．将来的には太陽光発電が電力供給のかなりの部分を担うとの期待が高まり，大規模なメガソーラ（おおむね1 MW以上のピーク出力を有する太陽光発電施設）から，一般家庭向けの小規模な発電施設まで，広範な発電容量の太陽光発電施設の導入が急速に進んでいる．

表1・1に代表的な発電の種類，発電原理，および発電機1機当たりの一般的な発電容量をまとめた．

図1・4は，日本経済研究所のエネルギー・経済統計要覧（2014年版）による，わが国における総発電電力量の発電方式別構成比率（エネルギーミックスと呼ぶ）の推移を示したグラフである．

わが国の年間の総発電量は過去10年ほどの間，およそ1 200 TW·h（テラワットアワー，10^{12} W·h）前後で推移しており，この発電

表1・1　発電の種類，発電原理および発電機1機当たりの発電容量

発電の種類		原理	発電容量
火力発電	汽力発電	蒸気タービンの回転力を利用した発電．大規模火力発電所の主要な発電機である．	500～1 000 MW
	内燃力発電	内燃機関の回転力を利用した発電．火力発電機としては比較的小形であるため，可搬型発電機，非常用発電機としての利用が多い．	100～500 kW
	コンバインドサイクル発電	内燃力発電と内燃機関の廃熱を利用した汽力発電との複合発電．熱効率が高く，今後設置される火力発電機の主力として期待されている．	100～2 000 MW
	廃棄物発電	廃棄物の熱エネルギーなどを利用する発電．ごみの焼却施設などに併設され，低炭素社会実現への寄与が期待されている．	50～500 kW
原子力発電		核反応による熱エネルギーで蒸気タービンを回転して行う発電．発電容量が大きく，ベースロード電源として位置づけられているが，安全性や核廃棄物処理などに将来的な課題が残る．	700～1 400 MW
水力発電		水の位置エネルギーおよび運動エネルギーを回転力に変換して行う発電．大規模な水力発電所の新規建設はほとんどみられないが，小規模水力発電の利点が見直されつつある．	1 kW～10 MW
太陽熱発電		太陽の熱エネルギーを回転力に変換して行う発電．わが国では実施例が少ないが，欧米では大規模な施設の建設例がある．	10～400 MW（全システム）
風力発電		風の運動エネルギーを回転力に変換して行う発電．風の有無や強弱によって発電電力量が大きく左右される難があるが，欧米では大規模な施設の建設が進んでおり，今後洋上発電などへの発展が期待されている．	1 kW～5 MW

波力・海流・潮力発電	波や海流の運動エネルギー，潮流の位置エネルギーを回転力に変換して行う発電．アメリカなどで，さまざまな実証実験が行われている．	100 W ～1 MW
地熱発電	火山活動などに由来する地下の熱源（温泉など）を利用して行う発電．わが国でも高温の温泉の熱を利用する地熱発電が具体化しつつある．	100 kW ～100 MW
燃料電池*1（発電）	燃料の化学エネルギーを直接電力に変換する発電．大形の施設は工場などの非常用電源などでの実用化が期待され，他方小形燃料電池は燃料電池自動車（FCV）への搭載が脚光を浴びつつある．	1～5 MW
太陽光発電*1	太陽電池を用いて太陽光エネルギーを直接電力に変換する発電．家庭用の小形から大規模な施設まで，急速に設置が進んでいるが，発電電力量が太陽光の有無および強度（日中／夜間，晴れ／曇り／雨など）に依存して大きく変動するため，電力系統の受入可能容量が制限されるなどの課題がある．	0.2～0.3 kW*2（1パネル当たり）施設全体では2 kW～1 MW
電池による発電*1, 3	電池の備える化学作用または物理作用を利用した発電．詳しくは後述する．	1 mW ～10 MW

*1：燃料電池，太陽光発電および電池による発電は直流発電であるが，これ以外はすべて交流発電である．

*2：上表に示したのは1パネル当たりの発電容量であり，実際に設置される発電設備の総容量は，一般家庭用は2～10 kW，産業用は10 kW～1 MW規模の施設が多い．なお，太陽光発電施設の発電能力はkWp（キロワットピーク）という表示が行われることが多いが，これは太陽光発電の出力が受光状況によって大きく変動することから，最も好条件の際に発電可能な出力のピーク値を表している．

*3：表中の燃料電池（発電）および太陽光発電（太陽電池）も電池の範ちゅうに入るが，一般的な電池（大半は化学電池，後述）を別項目として掲げた．

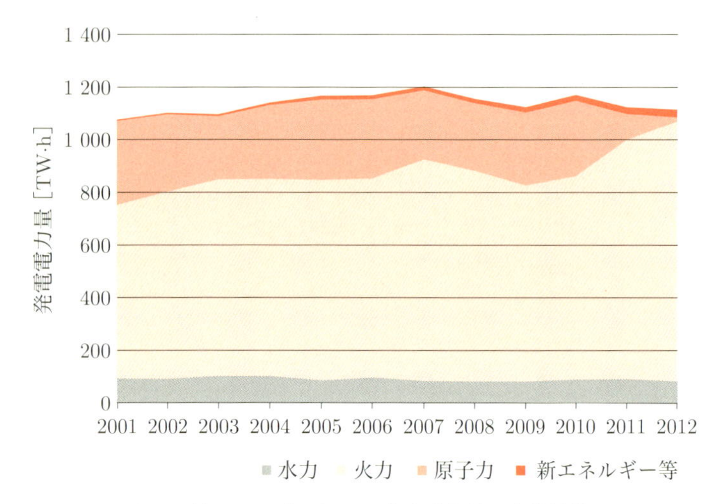

ただし，新エネルギーなどの発電電力量は直接対比できるデータがないため，設備の発電能力データをもとに筆者が換算した．
〔出典〕 日本経済研究所，エネルギー・経済統計要覧（2014）

図1・4　わが国の方式別発電電力量推移

量は世界の総発電量のほぼ1割に相当する．

発電された電力は，ほぼ全量が発電されると同時に消費されると考えられる．すなわち，電力の需要と供給はほぼバランスがとれている．いい換えると，各電力会社はそのときどきの電力需要を賄うのに必要な電力量を予測し，これに見合った（出力を需要に合わせて調整した）発電を行っていることを意味している．

わが国の電力需要（≒総発電量）は2007年の1 220 TW·hをピークに漸減傾向にあるが，これには円高による製造業の海外シフトが大きく影響しており，さらには，2011年の東日本大震災によって生じた電力需給ひっ迫の経験に起因する節電志向の高まりが，電力需要の低下を誘引していると考えられる．

発電方式別の発電比率は，たとえば2010年度のデータによると，火力発電が66％，水力発電が8％，原子力発電が24％，新エネルギーなどによる発電が2％であった．再生可能エネルギーには水力発電が含まれるため，構成比率は約10％となる（本グラフでは，水力発電を独立項目としているため，自然エネルギーまたは再生可能エネルギーではなく，新エネルギーの呼称を使用した．再生可能エネルギー，自然エネルギー，新エネルギーのそれぞれに含まれる個々のエネルギー源の内容には若干の差がある）．

しかし，2011年の東日本大震災以降，原子力発電所の安全規制基準の強化に伴い，原子力発電所の運転が次々に停止される事態にいたったため，2012年の発電方式別構成比率は，火力発電が88％，水力発電が8％，原子力発電が1％，新エネルギーなどによる発電が3％となり，火力発電への依存度がきわめて高まった．年々，新エネルギーなどによる発電量の拡大が進んでいるものの，まだまだ構成比率は低いため，現時点でもほぼ2012年の構成比率と大差ない状況が続いているものと考えられる．

東日本大震災と，原子力発電所の事故の後遺症とはいえ，過度の火力発電依存は，経済面においてもまた環境面においても，社会にさまざまな悪影響を及ぼしているため，早急な構成比率改善が望まれる．

(v) 送電および配電（電力系統）

発電された電力を需要家（工場，公共施設，商業施設，一般家庭など）に送り届ける機能を送電および配電（まとめて送配電）と呼び，送配電に必要な諸設備（高・中圧送電塔，送電線，変電所，電柱，柱上変圧器，引込線など）と発電設備とをまとめて，電力系統と呼んでいる（単に系

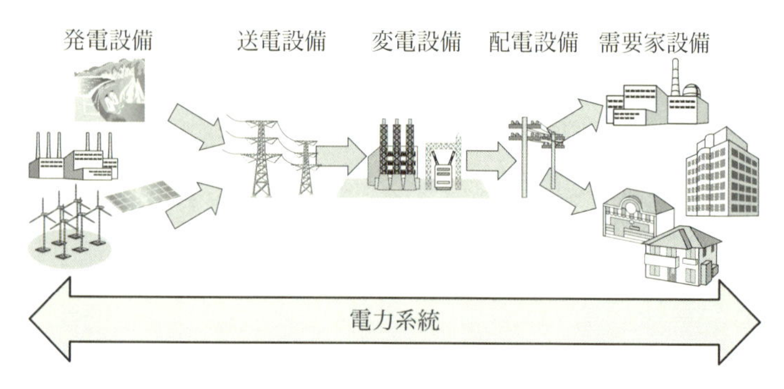

図1・5　電力系統の構成

統と呼ぶことも多い).

図1・5は電力系統の構成を示した図である.

従来の電力系統では,発電された電力はこれらの送配電設備を経て需要家に送電され,ほぼ同時に消費されてきたため,揚水発電(水力発電所近傍の山上などに貯水池を設け,夜間の余剰電力を利用してダム湖の水をこの山上貯水池に揚げ,昼間の電力需要ピーク時に山上貯水池の水を落として発電する,電力需給調整機能を備えた発電施設.このような電力の需給調整機能をピークシフトと呼ぶ)などのごく一部の例外を除いて,電力系統内に電気をためる機能(蓄電機能)は設けられていなかった.

しかし,近年,太陽光発電や風力発電の普及に伴い,これらの自然エネルギーによる発電電力を電力系統に接続する際のさまざまな課題が浮き彫りになってきており,こうした課題を克服する手段の一つとして,大容量の蓄電設備を太陽光発電施設や風力発電施設に併設する必要があるとの認識が高まってきた.

自然エネルギーを利用した発電電力の電気系統への接続に伴う課題と対応策については第3章で詳しく述べるが,一言でいうと,これらの自然エネルギーから得られる発電電力がきわめて気まぐれな性格である（発電が時間や天候に依存するため発電電力変動が非常に大きく，かつ電力品質も大きく変動する）ため，これを克服する対策が必要になるのである．

1.2　電池にはどんな種類があるの

(i)　電池の種類

電池は「なんらかのエネルギーによって直流の電力を発生するデバイス」と定義することができ，これも発電機（電源）の一種である．電池の範ちゅうには，前項で述べた燃料電池や太陽電池も含まれるが，一般的な電池は，発電の機能よりも電気を蓄える機能に主眼がおかれていると考えられる．

このエネルギーから電気への変換が化学反応によるものは化学電池，物理反応によるものは物理電池と大別される．化学電池はさらに一次電池，二次電池，燃料電池などに分類するのが一般的である．

表1・2は，代表的な電池を便宜的に大まかに分類して示したものである．

一次電池は，固有の化学反応により電力を発生する使いきりの電池で，一般的に乾電池と呼ばれる円筒形状のマンガン電池やアルカリ電池，長期使用に耐える特殊用途向けのニッケル一次電池やリチウム一次電池，腕時計などの超小形機器に使用されるボタン形状の酸化銀電池や空気（亜鉛）電池などがある．

二次電池は，使いきりではなく多数回の充電および放電が可能な電池で，便宜的に電解質の種類によって水溶液系，非水溶液系，高温型などと分類されることが多い．

表1・2　電池の種類

化学電池	一次電池		マンガン乾電池
			アルカリ（マンガン）乾電池
			ニッケル系一次電池
			リチウム一次電池
			酸化銀電池
			空気（亜鉛）電池
	二次電池	水溶液系二次電池	鉛蓄電池
			ニッケルカドミウム電池（ニカド電池）
			ニッケル水素電池
		非水溶液系二次電池	リチウムイオン電池
		高温型電池	ナトリウム硫黄電池
	燃料電池		固体高分子型燃料電池（PEFC）
			りん酸型燃料電池（PAFC）
			溶融炭酸塩型燃料電池（MCFC）
			固体酸化物型燃料電池（SOFC）
物理電池	太陽電池		シリコン系太陽電池
			化合物系太陽電池
			有機系太陽電池
			量子ドット型太陽電池

水溶液系二次電池には自動車用バッテリーとしてよく知られる鉛蓄電池，当初は携帯機器用二次電池として開発されたニッケルカドミウム電池（ニカド電池とも呼ばれる），このニッケルカドミウム電池の環境や人体への影響懸念を払拭するために開発されたニッケル水素電池などが含まれる．現在ニッケル水素電池は乗用車，バス，電車，産業機器などの動力供給用二次電池として多用されている．

非水溶液系二次電池の代表格がリチウムイオン電池で，現時点では最も高容量の二次電池であり，携帯機器向けだけでなく電気自動車（EV）用や電力貯蔵用などの新用途への採用が急速に進んでいる．

高温型電池で現在実用化されているのはナトリウム硫黄（NaS）電池である．これは大規模太陽光発電施設（メガソーラ）や大規模風力発電所（ウィンドファーム）などの大規模再生可能エネルギー発電システム向けの主要電力貯蔵用電池として世界的に採用が進んでいる．

燃料電池は，上記の一般的な一次電池および二次電池とは異なり，水素などの負極活物質を外部から供給することで継続的に発電が行えるシステムである．現在実用化が進んでいる，または近い将来に実用化が期待される燃料電池には，固体高分子型（PEFC），りん酸型（PAFC），溶融炭酸塩型（MCFC），固体酸化物型（SOFC）などの種類がある．

このうち固体高分子型燃料電池（PEFC）は燃料電池自動車（FCV）や一般家庭における自家発電・熱エネルギー供給設備（わが国の関連業界ではエネファームと呼称）などの比較的小形の燃料電池に最適なシステムとして，今後大きな伸びが期待されている．

図1・6は，燃料電池を搭載したトヨタのFCV，MIRAIの破断面図，また図1・7は家庭用燃料電池エネファームの例である．

〔出典〕トヨタ自動車ホームページ

図1・6　トヨタが発売した燃料電池車MIRAIの破断面図

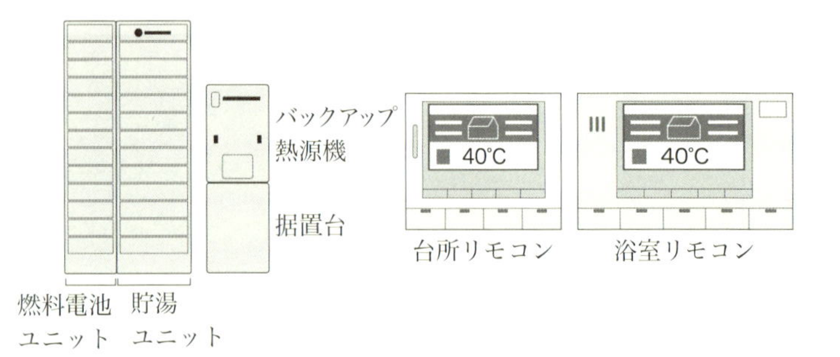

図1・7　家庭用燃料電池，エネファーム

他方，りん酸型（PAFC），溶融炭酸塩型（MCFC），固体酸化物型（SOFC）などの燃料電池は，高温運転が必要なシステムであることから，システムそのものが大形となるため，工場などの緊急用または補完用発電システムとして，今後電力供給の一端を担うことが期待されている．

物理電池は化学反応によらず物理作用によって電力を発生させる装置で，代表的なものは太陽光などの光エネルギーを電気エネルギーに変換する太陽電池である．

現在太陽光発電用途向けなどに最も一般的に普及が進んでいるのはシリコン系太陽電池である．これは，半導体のpn接合部で生じる物理特性を利用して，電子に光エネルギーを吸収させ（光励起），電子から直接電気エネルギー（電力）を取り出すタイプの太陽電池である．

シリコン系太陽電池は，使用するシリコンの結晶構造の違いにより，単結晶シリコン型，多結晶シリコン型，アモルファスシリコン型などに細分され，さらに，光の吸収，光電変換を行う層（光電変換層）の構造の違いにより，薄膜シリコン型，ハイブリッド型，多接合型などの分類も行われている．

シリコン系太陽電池と同様に半導体の光電変換特性を利用するタイプの太陽電池で，シリコン系について普及が進みつつあるのは化合物系太陽電池である．これには古くから知られているガリウムひ素（GaAs）系に加えて，近年ではインジウム・ガリウムひ素（InGaAs）系，銅インジウムひ素CIS（CuInS）系，カドミウム・テルル（CdTe）系などのさまざまな化合物半導体を用いた太陽電池が開発され，実用化が進んでいる．

このほかに，光電変換層に固体ではなく有機化合物を用いた有機系太陽電池，半導体特性ではなく，二酸化チタンに吸着された色素に光を当てることにより，色素中の電子に光励起を起こさせる原理を利用した色素増感型太陽電池，量子ドットの起電特性を利用した量子ドット型太陽電池などの，さまざまな次世代型太陽電池の開発も鋭意進められている．

図1・8は家庭用太陽光発電システムの設置例である．

これらの，二次電池，燃料電池，太陽電池の3種類の電池は，近年「三つの電池」などと呼ばれて，低炭素社会を実現するための最も

図1・8　家庭用太陽光発電システムの設置例

重要なコンポーネントとして位置づけられている．

(ii)　電池の形状と呼称

一次電池，二次電池ともに，小形（携帯用）の円形（円筒形，ボタン形，コイン形）電池は，形状に基づく呼称が一般的に採用されている．他方，角形（角形および平形）の電池は，用途に応じたカスタム設計が行われることが多く，寸法の標準化が進んでいないため，呼称もまちまちな場合が多い．燃料電池および太陽電池は，ほぼすべてがカスタム設計であり，標準化された呼称はない．

図1・9はさまざまな電池形状の概略図である．また，表1・3に

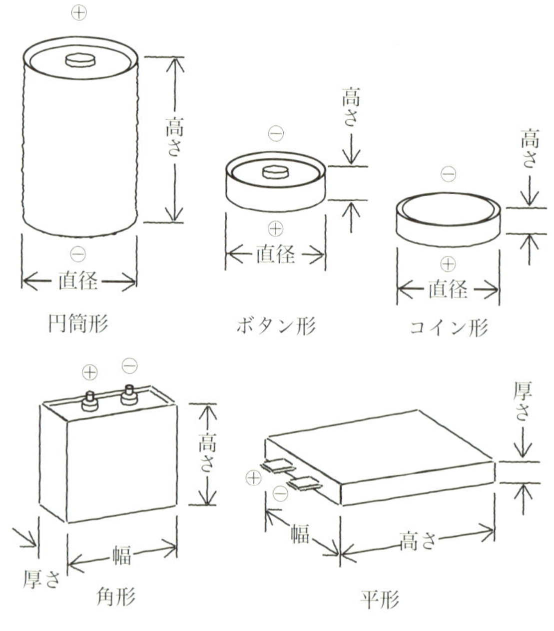

図1・9　さまざまな電池形状の概略図

表1・3 小形電池の代表的な形状，呼称，寸法および用途

形状		呼称		寸法 (mm)		主な用途
		IEC	日本	高さ	直径	
円形	円筒	R20*1	単1	61.5	34.2	各種小形電気・電子機器
		R14	単2	50.0	26.2	
		R6	単3	50.5	14.5	
		R03	単4	44.5	10.5	
		NCR18650*3, 4		65.0	18.0	ノートPC
	ボタン	LR44*2		5.4	11.6	置時計など
	コイン	CR1216*2		1.6	12.5	小形時計など
角形		ICP103450*4		10 × 34 × 50		ビデオカメラなど
平形		CGA504042*4		5.0 × 40 × 42		携帯電話など

＊1：呼称の記号中のRは円形を表す記号（角形，平形はF，ただし使用例は少ない）.

＊2：ボタン電池のLおよびコイン電池のCはいずれも材料系の略称で，Lは二酸化マンガン・リチウム一次電池，Cはアルカリ乾電池を表す.

＊3：18650という寸法は，当初ソニーが自社のビデオカメラ向けに開発した特殊寸法の円筒形リチウムイオン電池であるが，現在ではノートPC向けなどのデファクト・スタンダード・サイズとなっている.

＊4：18650円筒形および角形の呼称の頭部に付されている記号は，必ずしも統一性がなく，各メーカが独自に命名する場合が多い．数字は公称寸法を表し，2桁ごとに順に，厚さ，幅，高さを示す場合が多い.

小形電池の代表的な形状，呼称，および主な用途をまとめた.

(iii) 電池の歴史

ここで，一次電池および二次電池の歴史を，簡単に振り返ってみたい.

電池の起源は，1791年にイタリア人ガルバーニ（Galvani）が，カエルの足に2種類の金属を触れさせたところ，足の中の筋肉に電流が流れ，筋肉がぴくぴく動くことを発見し，これが電池の基本原理になったといわれている．

1800年には，同じくイタリア人のボルタ（Volta，電圧の単位ボルトは彼の名に由来する）が銅，すずおよび食塩水を組み合わせることによって電流を発生させるボルタ電池を発明し，これが電池実用化の端緒となった．

年月を経て，1885年にわが国の屋井先蔵，1988年にはガスナー（Gassner）らが，相次いで液体の漏れない（電解質を固体化．電解質については後述する）タイプの電池（乾電池）を発明した．

さらに，1895年には島津源蔵（2代目）が鉛蓄電池の試作に成功，1899年にはユングナー（Jungner）がニッケルカドミウム電池（ニカド電池）を発明した．現在二次電池の二大主流になっているニッケル水素電池の量産開始は1990年，そしてリチウムイオン電池はソニーおよび旭化成から1991年に相次いで発売された．

このように，現在目覚しい発展を遂げている電池は，起源から数えてもたかだか300年強，実質的には100年強の歴史しかないことは正に驚きである．

(iv)　化学電池の基本的な構造と反応

化学電池は，電流を取り出すための二つの電極（正極と負極），電流を生成する電池反応の主体となる活物質，電池内でのイオンなどの移動を容易にさせる電解質，正極および負極を物理的に分離するセパレータ，ならびにこれらの電池の構成要素を収容し，実用的な電池としての形態を保たせる容器の5種類の要素によって構成されている．これらの要素は，下記のような機能を備えている．

(1)　電極

電池は直流電力を生成するデバイスで，生成された電流の取出口として正極と負極の二つの電極がある．電位の高いほうが正極，電位の低いほうが負極である．電池では正極側で還元反応が起こり，負極側で酸化反応が起こる．還元反応が起こる正極をカソード（Cathode）と呼び，酸化反応が起こる負極をアノード（Anode）と呼ぶ．電極は電流を集める機能を併せもつため集電体と呼ばれることもある．電極には電気伝導率が高く，活物質や電解液に対して化学的に安定な材料が使用される．

(2) 活物質

活物質は電池反応の中心的役割を担う物質であり，電子を送り出し受け取る反応すなわち酸化／還元反応を行う．実際には活物質だけでなく活物質の凝集を防ぎ分散させるための分散剤，電解液と良好に接触させる濡れ性を維持するためのレベリング剤，導電性を向上させる導電助剤やバインダーと呼ばれる結着材が混合されて粘性流体（スラリー）となったペースト状のものが用いられる．出力される電圧は二つの電極電位の差に依存するため，正極側の活物質はできるかぎり電極電位が高く，負極側の活物質はできるかぎり電極電位が低いことが望ましい．単純な構造の電池の中には電極が活物質を兼ねているものがある．

(3) 電解質

電解質はイオン導電性が高いものが求められ，電解質が電気分解されない電位の範囲（電位窓）も広いほうがよい．活物質などに対して化学的に安定であることも求められ，生物毒性や発火性もないことが望ましい．電池の電解質は電解液と呼ばれる液体のものが多いが，固体状の固体電解質もある．

(4) セパレータ

セパレータは隔膜とも呼ばれ，正極と負極とを電気的に分離する機能を担っている．セパレータは熱や応力に対する耐久力と同時に電池内のほかの物質に対しても化学的にも安定であることが求められ，他方電解液中のイオンなどの電気担体の移動を妨げないような，多孔質で薄い膜状のものが使用される．

(5)　容器

容器は電池の外形を形成し，電極，活物質，電解液，セパレータといった電池の基本構成要素を内部に収めて閉じ込める役割を担う．容器には力学的に丈夫で，内包する化学物質に対する耐薬品性を備えた素材が使用される．

上記の要素全般に，安価で軽量，加工性・生産性に優れ，環境汚染を起こさないリサイクルに向いた材料を使用することが望ましい．

図1・10は，化学電池の中でも最も基本的で単純な構造のマンガン乾電池（一次電池）の断面略図である．

マンガン乾電池は，容器の機能を兼ねる亜鉛缶を負極とし，この内部に正極と負極とを分離するセパレータを備え，さらにその内部

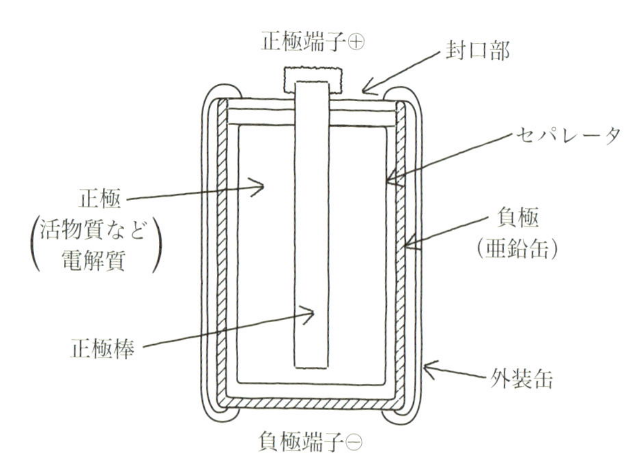

図1・10　マンガン乾電池の断面略図

に正極活物質の二酸化マンガン（MnO_2）および電解質（マンガン電池の場合は塩化亜鉛（$ZnCl_2$））などの合剤を充填し，中心部に集電体となる正極棒（炭素棒）を挿入した構造である．このような電池の基本要素に加えて，電池内部への異物混入を防ぐための封止構造，負極缶と外部とを絶縁するとともに電池の外観を整えるための外装缶などの付帯的な構成要素を備えている．

マンガン電池の反応式は次式で示される．

$$8MnO_2 + 8H_2O + ZnCl_2 + 4Zn \rightarrow 8MnOOH + ZnCl_2 \cdot 4Zn(OH)_2$$

正極側では水（H_2O）と電解質の塩化亜鉛（$ZnCl_2$）の塩素イオン（Cl^-）との働きで活物質の二酸化マンガン（MnO_2）が還元されて水酸化マンガン（MnOOH）となる．他方，負極側では水（H_2O）の分解で発生した酸素イオン（O^+）により負極活物質（兼容器）の亜鉛（Zn）の酸化反応が起こり，電解質（$ZnCl_2$）との複合生成物$ZnCl_2 \cdot 4Zn(OH)_2$が生じる．このような正極における還元反応，負極における酸化反応の結果，電池内で正極から負極に向けて塩素イオン（Cl^-）が移動し，電池の外では電池につながれた負荷を通して電流が流れることになる．

以上，代表的な例として，マンガン電池の電池反応について説明したが，それぞれの電池の反応は，使用される活物質や電解質により異なる．

また，マンガン乾電池の電池反応の結果発生したMnOOHや$ZnCl_2 \cdot 4Zn(OH)_2$などの生成物は老廃物として電池内に堆積し，活物質の消耗が進む．この結果一次電池の発電力は放電が進むにつれて次第に低下し，最終的には発電を停止する．このため，一次電池は，一般的には使いきりの不可逆電池である．

1.3 二次電池ってなあに

前項で述べたとおり，二次電池も化学電池の一種である．

化学電池は「なんらかの化学作用によって直流の電力を発生するデバイス」であり，前項でマンガン電池の電池反応について例示したように，一次電池はそれぞれ固有の化学反応によって電力を発生する．このため一次電池の電池反応は通常不可逆的である．

ところが，二次電池の場合はいささか様相が異なり，二次電池の電池反応には不可逆性はない．すなわち繰返し充電および放電ができる可逆性の電池である．このため，二次電池の場合は放電時には一次電池と同様に正極で還元反応が，負極で酸化反応が起こるが，充電時にはこれとは全く逆に負極で還元反応が，正極で酸化反応が起こることが大きな特徴である．

二次電池は，蓄電池または充電式電池（充電池）などとも呼ばれ，またバッテリーという呼称も一般的に使用されている．英語では，Secondary Battery*（二次電池はこの語の直訳），Secondary Cell（Cellは単電池を意味する），またはRechargeable Battery（再充電可能電池）などと呼ばれている．

*：Batteryは本来，乱打する，繰り返し砲撃するなどを意味する言葉だったようであるが，自動車用鉛蓄電池（繰り返し充・放電する）にこの語が当てられたことから，その後一次電池も含むすべての電池にBatteryの語が使用されるようになったようである．野球の投手と捕手を意味するバッテリーも同じ語源である．なお，英語では一次電池はPrimary Cell，二次電池はSecondary Cellとも呼ばれており，これが本来の呼称であった

と思われる．

二次電池の基礎的な説明，およびさまざまな二次電池の特徴や反応式などについては次章に詳しく述べるが，ここでは二次電池の歴史について若干補足しておきたい．

二次電池の歴史は，1859年にプランテ（Planté）によって鉛畜電池の原型が発明されたことから始まる．鉛畜電池はその後150年の間にさまざまな改良が加えられ，特に1970年代の制御弁式鉛蓄電池の開発によって，従来弱点であったシール性が大幅に改善されたため用途も拡大し，自動車搭載用バッテリーをはじめとする各種産業用途向けとして永らく代表的な二次電池としての地位を保ってきた．

ニッケルカドミウム電池（ニカド電池とも呼ばれる）は1899年にユングナー（Jungner）らによって発明され，1947年にノイマン（Neumann）らによって密閉技術が確立されたことから，さまざまな用途への採用が進んだ．特に1970年以降は，携帯ラジオやシェーバなどの携帯機器，さらにはラジオコントロール式模型などの娯楽機器の普及につれ，使いきり乾電池では満足できなくなったユーザの後押しも手伝って，これら小形機器へのニッケルカドミウム電池の採用が進んだ．

しかし，1980年代に入ると，環境や公害問題に対する人々の意識の高まりとともに，負極に使用される水酸化カドミウムの人体への影響懸念が取りざたされるようになり，1990年に水酸化カドミウムに代えて水素吸蔵合金（水素を構造体の中に蓄えることができる合金で，代表的なレアメタルの一種である）を負極に使用したニッケル水素電池が実用化された．

このニッケル水素電池は，カドミウムを含有しないという大きなメリットに加えて，電池のエネルギー密度もニッケルカドミウム電池と比較して大幅に向上するという副次効果が認められ，ニッケルカドミウム電池からの切換えが急速に進んだ．折から，ノートPCや携帯電話などが勃興期にあり，ニッケル水素電池を搭載したこれら携帯機器との相乗的な普及拡大が起こった．

しかしニッケル水素電池のブームは長続きしなかった．ニッケル水素電池実用化からわずか1年後の1991年に，正極および負極を層状化合物で構成しこの層間に金属イオンを挿脱することによって充放電を行う，化学反応を伴わない全く新しいコンセプトの電池であるリチウムイオン電池が登場したためである．

リチウムイオン電池は，英国AEA（原子力エネルギー公社）のグッドイナフ（Goodenough）や水島らのコバルト酸リチウムなどの層状化合物を正極活物質とする1980年の特許，および翌1981年の三洋（現，パナソニック）の池田らによる黒鉛層間化合物を負極とする特許の登録以降，商品化が期待されていたが，1991年にソニーと旭化成とが相次いで開発に成功，量産を開始した．

リチウムイオン電池はニッケル水素電池と比較して2倍近い重量エネルギー密度（後述）を有するため，携帯機器への搭載が爆発的に進み，1995年ごろには携帯機器用二次電池の首位の座を奪い，さらに2000年代に入ると携帯機器用二次電池はほぼリチウムイオン電池の独壇場となった．このためニッケル水素電池に残された用途は，大電流が流せ，レスポンスの早さが必要な電動工具，電動アシスト自転車，産業用電動機器などの限られた分野に狭められ，かつこれらの用途すら性能が改善されたリチウムイオン電池に次第に侵食されるようになった．

ニッケル水素電池が息を吹き返したのは，2000年代なかごろ以降，地球温暖化が大きな社会問題として取り上げられ，要因の一つとされる自動車の温室効果ガス排出量削減が世界的な喫緊の課題となったことを契機とする．自動車の温室効果ガス削減の有力な手段の一つとして，特にわが国で車両の駆動力ハイブリッド化が進み，ハイブリット電気自動車（HEV）駆動用電池として比較的小容量でも高出力を発生するニッケル水素電池が採用された．このため2000年代後半からHEV用ニッケル水素電池の生産が急速に拡大した．ニッケル水素電池は負極にレアアースを母体とした水素吸蔵合金を使用しており，またHEVの電気走行に用いられる高性能モータにはジスプロシウムなどの希少レアメタルが必須であり，かつこれらの供給の大半を中国に依存していたため，中国との政治的な緊張関係が高まるなかで，レアアース，レアメタル危機がけん伝されたことは記憶に新しい．

自動車用電池としては，2010年代に入って三菱自動車と日産から相次いで実用に耐える電気自動車（EV）が発売され，これらEVには高容量で長い航続距離が確保できるリチウムイオン電池が搭載された．EVに搭載される電池の容量は通常HEV用電池の20～30倍であり，今後EVの普及が進むと，必要とされる電池の対象市場全体としての総蓄電容量は，携帯機器用電池の総蓄電容量の数十倍というばく大な規模となる可能性がある．

温室効果ガス削減のもう一方の旗頭は再生可能エネルギーによる発電であり，これも2000年以降急速な伸長を示してきたが，特に2011年3月の東日本大震災，およびそれに誘引された東京電力福島第一原子力発電所の事故以来，原子力発電依存度の低減ならびに再生可能エネルギー発電のさらなる拡大が世界のエネルギー政策の潮流になりつつある．再生可能エネルギーを導入するための課題は幾つかあるが，なかでも需給調整および電力品質の維持・管理機能は解決すべき大きな課題である．これを解決するための最も有効な手段が大容量蓄電システムの整備であり，ここに二次電池の新たな大市場が生まれつつある．

この用途を担う電池として，前述のニッケル水素電池，リチウムイオン電池に加えてナトリウム硫黄（NaS）電池の存在を忘れてはならない．

ナトリウム硫黄電池は，1967年に自動車メーカのフォードで開発された電池で，負極のナトリウム金属と正極の硫黄とを300 °C程度に加熱して溶融状態にすることにより正・負極を隔てるセラミック固体電解質を通してナトリウムイオンが移動して充放電を行うナトリウムイオン電池の一種である．充放電を行うためには電池を高温状態に維持しなければならないため装置は非常に大形となるが，大容量の電池が比較的容易に製造できることから，メガソーラなどの大規模再生可能エネルギー発電システムの蓄電用などに採用が進んでいる．

2 二次電池の基礎

2.1　二次電池の反応と動作

一次電池は放電だけを行う使いきり電池で，反応は不可逆的であるが，二次電池は放電のみではなく充電も行える可逆的な反応が可能な電池である．前章で，電池の発電原理について，正極における還元反応，負極における酸化反応により発電が行われると説明したが，この発電とは外部に電流を放出すること，すなわち放電反応を意味する．

それでは充電とはなんであろうか．これは発電とは全く逆の反応で，電池に外部の電源から直流電圧を印加して，正極において酸化反応を起こさせ，負極において還元反応を起こさせることによって電池内部の活物質などの性情を初期状態に戻すことを意味する．

この発電（放電）と充電の関係は，酸素と水素とを反応させると水とエネルギー（このエネルギーを電気として取り出すデバイスが燃料電池である）を生成し，逆に水中に二つの電極を設けてこの電極間に外部から直流電圧を印加することによって正極（+）側から酸素を，負極（−）側から水素を取り出す，よく知られた水の電気分解反応と類似している．

図2・1は，外部から直流の電圧を印加（充電に相当）して水を電気分解する反応と，電気分解によって精製させた水素と酸素を反応させて電気を取り出す発電（放電）反応（燃料電池としての反応）との関係

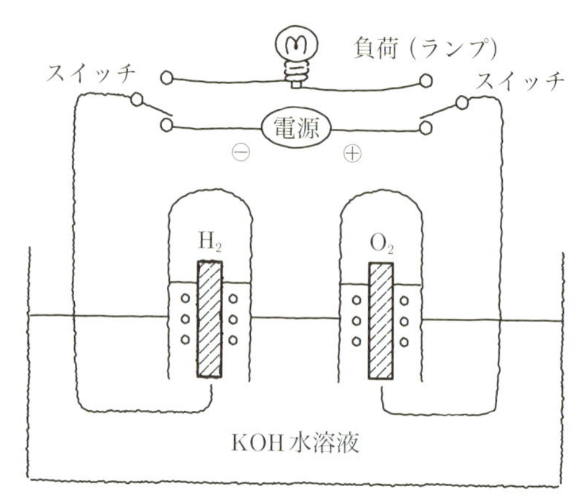

導電性を高めた水溶液中に2本の電極を設け，この両電極に外部から直流電圧を印加すると水の電気分解が行われて，正極側に酸素が，負極側に水素が発生する．次に酸素と水素とをそれぞれの電極周囲に蓄えた状態で，外部直流電源を外し，両電極間に負荷（たとえばランプ）を接続すると，両電極間の電位差により負荷に電流が流れ（燃料電池反応），ランプが点灯する．

図2・1　水の電気分解と水素と酸素の発電反応（燃料電池反応）との関係図

を示す模式図である．

容器内に導電性を高めた（たとえばか性ソーダ（KOH）を添加した）水を蓄え，この水溶液中に二つの炭素電極を設け，この両電極をそれぞれ独立に，上部が密封され水中に没した部分は開放された容器で覆い，それぞれの電極を外部直流電源の正極（+）と負極（−）に接続すると，水が電気分解されて，正極側容器内に酸素（O_2），負極側容器内に水素（H_2）が蓄えられる．この反応式は，

$$H_2O + \text{電気エネルギー} \rightarrow H_2 + \frac{1}{2}O_2$$

で示される.

次に外部直流電源を切り離し，両電極を負荷（たとえばランプなど）に接続すると，正極と負極との間の電位差により電気が生成される（燃料電池反応）．この反応式は，

$$H_2 + \frac{1}{2}O_2 \rightarrow H_2O + \text{電気エネルギー}$$

である.

二次電池の場合も上記と類似した電気化学反応によって，放電（発電）および充電が行われる．代表的な二次電池である鉛蓄電池を例にとって電気化学反応を説明する.

鉛蓄電池の詳細については2.2項で述べるが，正極には二酸化亜鉛（PbO_2）が，負極には亜鉛（Pb）が，電解液（電解質を含む溶液）には通常，硫酸水溶液（H_2SO_4水溶液）が使用され，放電反応は次式で表される．電解質は正極および負極における局部反応には関与するものの，電池全体としてみると，それぞれの極における反応はキャンセルアウトされるため，電池全体の反応式中には含まれない.

正極：$PbO_2 + 3H^+ + HSO_4^- + 2e^- \rightarrow PbSO_4 + 2H_2O$

負極：$Pb + SO_4^{2-} \rightarrow PbSO_4 + 2e^-$

電池全体：$PbO_2 + Pb + 2H_2SO_4 \rightarrow 2PbSO_4 + 2H_2O$

充電時の電気化学反応は上記の逆反応である.

二次電池は，このように可逆的な反応が可能な電池であるがゆえに，実用的な二次電池を開発するうえでは克服しなければならない多くの課題があった．最大の課題は，この可逆反応がなんら痕跡を残さずに，少なくとも1 000回以上，望ましくは10 000回以上繰り

返せる性能を備えることであった．これを実現するために電池系ごとにさまざまな発明や工夫がなされたが，これについては次項以降のそれぞれの電池系の説明の中で述べる．

なお，市販されている二次電池は，通常ある程度充電された状態で出荷されているが，出荷時には後述する自己放電による劣化などの影響を低減させるため，必ずしも全蓄電容量（公称容量または定格容量）までの充電（満充電と呼ぶ）は行わないことが多い．二次電池を使用する機器の説明書などに，機器を使用開始する前に必ず電池を満充電するように注意書きがなされているのは，このような事情によるものである．

2.2 二次電池の種類と特徴

(i) 主要な二次電池の特性

二次電池の代表的な特性を示す用語は，次のような意味を表すものである．

(1) 公称電圧（V）

電池を通常の状態で使用する際に，使用上の目安として，電池メーカが規定する正極と負極間の電圧．電池を最大容量まで充電（満充電と呼ぶ）する際の正極と負極間の電圧は通常この公称電圧より高く，放電が進むと正極と負極間の電圧は公称電圧より低くなる．公称電圧の代わりに定格電圧（各電池メーカが標準的な電圧として規定する電圧値）を使用する場合もある．

図2・2は，二次電池の充放電特性と公称電圧などとの関係を示す概略図である．

(2) 重量エネルギー密度（W·h/kg）

電池が蓄えられる電気エネルギー量（容量）を電池の重量で除した

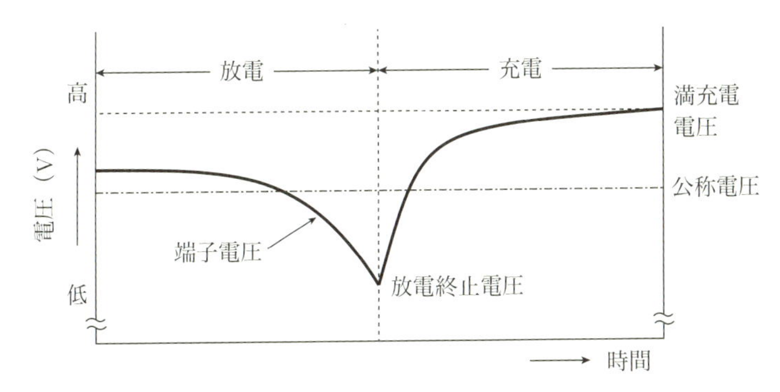

図は，二次電池の放電時および充電時の，正極と負極との端子間の電圧をプロットしたグラフである．満充電の状態から放電を開始させると端子電圧は当初は比較的平たんな漸減曲線を描いて低下するが，放電が進むと低下の速度が速まる．公称電圧（定格電圧）はこの比較的平たんな放電状態の端子電圧を規定することが多い．放電が進み，電池系の特性に応じて定められた，それ以上放電を継続させてはならない電圧値（放電終止電圧と呼ぶ）で放電を停止させる．次に充電に移り，端子電圧が公称電圧値を超え，電池系によって定められた，それ以上充電を行ってはならない電圧値（満充電電圧と呼ぶ）で充電を停止する．充放電特性曲線は電池系ごとに，また活物質の違いに応じて，異なる曲線，異なる特性電圧を示す．

図2・2　二次電池の充放電特性と公称電圧（定格電圧）との関係

値で，W·h/kgなどの単位で表される．数字が大きいほうが，高容量を蓄えられることを意味する．

⑶　体積エネルギー密度（W·h/L）

重量エネルギー密度と同様に，電池が蓄えられる電気エネルギー量（容量）を電池の体積で除した値で，W·h/Lなどの単位で表される．数字が大きいほうが高容量を蓄えられることを意味する．

⑷　パワー密度（W/kg）

電池が放出できる出力（パワー：W）を電池の重量または体積で除した値で，W/kgまたはW/Lなどの単位で表される．電池が瞬時に最大どれだけの出力を発揮できるかを表す指標で，数値が大きいほうが優れた電池であると考えられる．

⑸　充電効率（%）

電池に実際に蓄えられた電力量を，充電器などから電池に注入した電力量で除した値で，100%に近いほうが，損失の少ない優れた電池であると考えられる．

⑹　補機

二次電池を動作させるために補助的に必要となる機器．補機は可能なかぎり不要であることが望ましい．

⑺　副反応

二次電池を充放電する際の電気化学反応に伴って副次的に発生する反応を意味する．一般的には副反応は，有害な反応生成物を生じさせるなどの弊害を伴うことが多く，不可逆性や，下記サイクル寿命などの電池性能を損なう要因となる可能性が高いため，ないことが望ましい．

⑻　自己放電（%/年）

二次電池を動作させていない保存または放置の状態で，蓄えられている電力量が時間の経過とともに減少する程度を示す値である．自然放電と呼ぶこともある．自己放電量は時間の関数であるため，%/日，%/月，%/年などの単位で表される．自己放電の値は極力小さいことが望ましい．

⑼　寿命（サイクル寿命）

二次電池は充放電のサイクルを繰り返す間に徐々に劣化が進み，

ある時点で期待される実用的な性能を満足することができなくなる．寿命の定義は必ずしも厳密ではないが，一般的には，電池に蓄えられる容量が定格容量（または初期容量）のたとえば70％未満になるまでに繰り返すことができる充放電サイクルの回数（たとえば1 000サイクル以上など）を寿命として規定している場合が多い．サイクル寿命は長いことが望ましい．

表2・1では，主要な二次電池として，鉛蓄電池，ニッケルカドミウム（NiCd）電池，ニッケル水素（NiMH）電池，リチウムイオン（Li-ion）電池，およびナトリウム硫黄（NaS）電池の5種類について，その特性を比較した．

公称電圧はNiCd電池とNiMH電池がともに1.2 V，鉛蓄電池とNaS電池がほぼ2 V，Li-ion電池が約3.6 V（活物質の違いにより約2.3 VのLi-ion電池もある）で，それぞれの電池の電気化学反応に特有な値となっている．また同じタイプの電池であっても選択する正・負極材料によって公称電圧が異なる場合がある．このような電池系特有の公称電圧を承知したうえで，どの電池を使うのが最も望ましいかを機器設計上で考慮するのが一般的である．

電池選択上最も重要な指標と考えられているのは，エネルギー密度とパワー密度であろう．エネルギー密度はさらに重量エネルギー密度と体積エネルギー密度に分けて考えるのが一般的で，単位重量および単位体積当たりどれだけの電力を蓄えられるかを示す指標であり，EVなどにおいて，搭載電池容量と航続距離とを決定するうえで重要である．表に示すように重量エネルギー密度，体積エネルギー密度ともに，リチウムイオン電池がほかを大きく引き離しており，ニッケル水素電池がこれに次ぐ．NaS電池はもともと大形システム向けの定置型電池として位置づけられるため，このような用途

表2・1　主要二次電池の代表的特性

電池の種類	鉛蓄電池	NiCd電池	NiMH電池	Li-ion電池	NaS電池
公称電圧（V）	2.0	1.2	1.2	3.6	2.08
重量エネルギー密度（W·h/kg）	35	30～40	60～120	100～250	110
体積エネルギー密度（W·h/L）	70	90～110	140～300	250～400	170
パワー密度（W/kg）	180	300～10 000	250～10 000	300～5 000	10～100
充電効率（%）	80	85	85	95	89
動作温度（°C）	5～50	−20～60	−20～60	−20～60	280～360
電解質	硫酸水溶液	水酸化カリウム水溶液	水酸化カリウム水溶液	リチウム塩有機電解質	βアルミナ固体電解質
補機	補水装置	無し	無し	無し	ヒータ
副反応	水素発生	無し	無し	無し	無し
自己放電	△	○	○	○	◎
寿命	△	○	○	○	◎

においてはエネルギー密度は必ずしも重要指標とはいえない．

一方パワー密度は，単位重量（または単位体積）当たりどれだけのパワーを出せるか，いい換えればどれだけの大電流を流せるかの指標であり，HEV向けなどのように比較的小さな電池容量で自動車を駆動するだけの大電流を比較的短時間放電するといったタイプの用途に対して重要な指標である．表に示すように，パワー密度はニッケル水素電池およびニッケルカドミウム電池が格段に優れているためHEV用に多用されているのがうなずける．ただ，近年リチウムイオン電池のパワー密度の改善も進み，HEV分野でもリチウムイオン電池が採用され始めている．

上記以外の諸特性については，特に自己放電や寿命が着目点であるが，これらのメーカ発表データは独自の規格および測定方法による場合が多いため，数値データとしての比較が困難である．したがってここでは，イメージ的に最も優れていると考えられる電池に◎，実用性能を備えている電池に○，若干難があると考えられる電池に△を付すに留めた．

充電効率はリチウムイオン電池が最も優れた値である．その他，鉛蓄電池は電解質である硫酸水溶液中の水が蒸発などにより経時的に減少するため，補水装置の設置または定期的なメンテナンスを要すること，NaS電池は300 °C前後の高温での運転のため加熱ヒータが必要であることなどは若干の難点といえるであろう．

いずれにしても電池の特性には一長一短があり，使用目的に応じて電池の選定が行われている．こうしたなかで，近年二次電池の用途が車両などの動力用および大電力貯蔵用などの大形，大容量分野に急速に拡大していることを反映して，二次電池選択のプライオリティーが，従来の容量重視の選択から，コスト，安全性，寿命などを重視する傾向が顕著になってきている．

(ii)　主要な二次電池の価格

二次電池の優劣を論じるうえで，電池価格はかなり重要度の高い判断基準になってきている．異なる特性，異なる特徴を備える電池の価格を単純に比較することは必ずしも適切とはいえない面もあるが，一応の目安として，鉛蓄電池，ニッケル水素（NiMH）電池，リチウムイオン（Li-ion）電池，およびナトリウム硫黄（NaS）電池の出力（kW）当たり，ならびに出力容量（kW·h）当たりの2013年当時の価格を表2・2にまとめた．ここに示す価格は，電池の中・大形製品の工場出荷ベースを想定したものである．

出力（kW）当たりの価格は，NiMH電池が最も安く，鉛蓄電池およびLi-ion電池がこれにつぎ，NaS電池が最も高い．他方出力容量（kW·h）当たりの価格はNaS電池が最も安く，以下，鉛蓄電池，NiMH電池，Li-ion電池の順である．これはNaS電池が高温連続運転を必要とする電池であることに起因するものと思われる．なお，これらの電池の価格差は，図2・3に示すとおり，かなり縮小してきている．

図2・3はEV用や電力貯蔵用として，今後大幅な市場拡大が期待される主要な大容量電池の価格推移（実績）および今後の予測のグラフである．グラフ中でEVターゲットとして示した線は，経産省が2013年に，EV普及促進のための価格ターゲットとして設定した値を示している．

グラフで明らかなように，2010年以前の二次電池価格はかなり高価であったが，その後量産効果などによるコストダウンが進み，現時点ではほぼEV用の価格ターゲットのライン上に乗りつつある．今後の推移は必ずしも楽観はできないものの，EVや電力貯蔵システムの市場が期待どおり拡大すれば，ターゲット価格の達成も夢では

表2・2　主要二次電池の価格の目安（単位：万円）

価格の目安	鉛蓄電池	NiMH電池	Li-ion電池	NaS電池
kW当たり	15	10	15	20
kW·h当たり	5	10	15	2.5

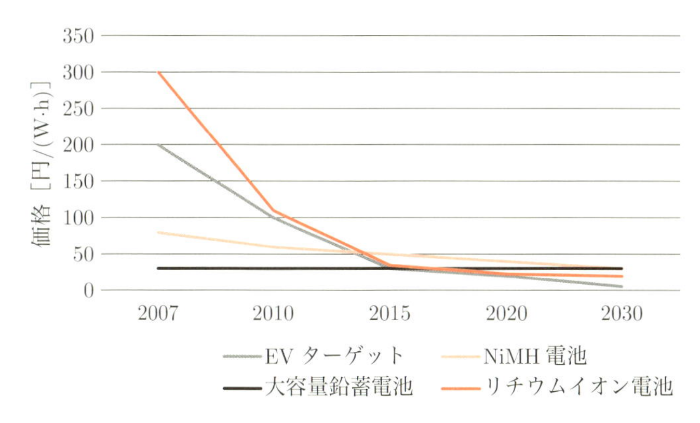

図2・3　主要な大容量二次電池の価格推移（実績）と予測

ない．なお，鉛蓄電池については今後の対象市場の拡大がさして期待できないため，コストダウンポテンシャルは小さいものと推定される．

(iii)　二次電池の世界市場

二次電池の全体像を把握するうえで，重要な指標となるものの一つは市場規模と今後の動向の予測であろう．

二次電池市場に関する全世界を網羅した公式統計は残念ながら存在しない．たとえばわが国内だけをとっても，経済産業省による一定規模以上の電池製造企業の生産統計，電池工業会による工業会加盟企業の電池タイプ別の自主統計の掲示などの例はあるものの，いずれも国内のすべての電池生産を網羅しているわけではなく，またこれらの統計からは，電池の輸出入なども含めた国内市場規模や動向などの二次電池市場の全体像を把握することはできない．

したがって，電池市場に関する情報は，民間の調査会社の調査報告書などに頼らざるを得ない．さまざまな調査会社が，独自の視点で調査を行い，調査結果から推定した市場規模と動向予測が入手可能であるが，本稿では，株式会社日本エコノミックセンターの『二次電池市場・技術の実態と将来展望（2014年版）』のデータを引用させていただき，世界の二次電池市場を概観してみたい．ただ，再度お断りしておきたいのは，これら各社の調査報告は，あくまでも調査会社が，独自の調査，独自の判断に基づいて作成されたものであるため，各社の公表数値（電池のタイプ別市場規模，伸長率予測など）にはかなりの差がある．したがって本稿でご紹介するデータもあくまでも一つの目安としてご覧いただきたい．

図2・4は日本エコノミックセンターの『二次電池市場・技術の実態と将来展望（2014年版）』に基づく，二次電池の世界市場規模と今後の動向予測である．また，表2・3は同グラフの元データの一部を抜粋して掲載させていただいた．

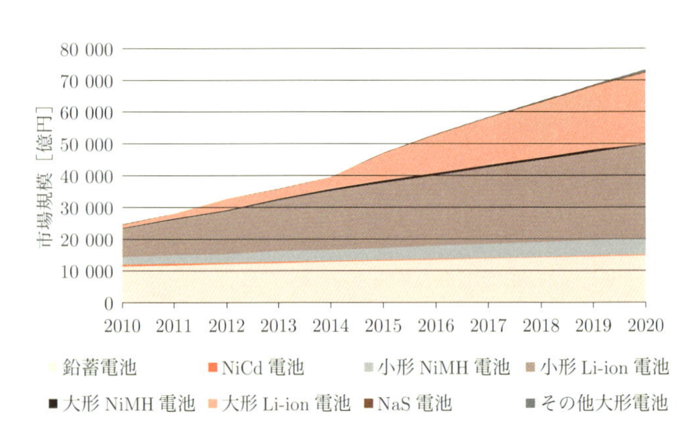

〔出典〕 二次電池市場・技術の実態と将来展望（2014年版），日本エコノミックセンター

図2・4　二次電池の世界市場規模と今後の動向予測

表2・3 二次電池の世界市場規模と今後の動向予測からのデータ抜粋
(単位：億円)

種別	2010	2015	2020	成長率(%/年)
鉛蓄電池	11 300	13 100	14 800	2.7
NiCd電池	580	300	200	−10.0
小形NiMH電池	2 350	3 720	5 200	8.3
小形Li-ion電池	9 200	20 600	29 500	10.0
大形NiMH電池	180	680	1 000	18.7
大形Li-ion電池	900	8 600	22 500	38.0
NaS電池	230	200	300	2.7
その他大形電池	0	30	800	200
合計	24 740	47 230	74 300	11.6

〔出典〕 二次電池市場・技術の実態と将来展望(2014年版)，日本エコノミックセンターから抜粋

なお，もともとの同社の調査では，二次電池市場を民生・車載用と産業・電力用との2種類に大別し，それぞれの区分内でさらに電池のタイプ別にデータが提示されているが，本稿では説明の便宜上，民生・車載用を小形，産業・電力用を大形と置き換えて表示させていただいた．したがって厳密な意味ではここでの小形，大形の分類は必ずしも実態を正しく表しているとはいえない可能性があるが，大要をつかむための便宜的な分類としてご容赦いただきたい．

同調査によると，二次電池の世界市場は，2010年の約2.5兆円から2020年の7.4兆円へと，年率平均11.6％の高い成長率を維持するものと予測されている．

本書発刊時点の2015年の数字をピックアップしてみると，世界の二次電池の総市場規模は約4.7兆円で，このうち最も市場規模が大きいのは小形Li-ion電池の約2.1兆円，次いで鉛蓄電池の約1.3兆

円，大形Li-ion電池約8 600億円，小形NiHM電池の約3 700億円と続く．

この二次電池市場は2020年には2015年の約6割増の約7.4兆円まで拡大するものと同社は予測しているが，この成長をけん引するのは小形および大形のLi-ion電池で，2020年の市場規模は約3兆円（成長率約38 %/年）および2.3兆円（成長率約10 %/年）と予測している．2020年にはLi-ion電池が二次電池市場の実に7割を占めるとの予測である．ちなみに2020年のその他の二次電池の市場規模は，鉛蓄電池が約1.5兆円（成長率約2.7 %/年），NiCd電池が約200億円（成長率約−10 %/年），小形NiHM電池が約5 200億円（成長率約8.3 %/年），大形NiMH電池が約1 000億円（成長率約18.7 %/年），NaS電池は約300億円（成長率約2.7 %/年），レドックスフロー電池（2.5項のその他の二次電池参照）などを含むその他の大形二次電池が約800億円（成長率約200 %/年）などとされる．この市場伸長予測からは，世界的な自動車向け需要の伸長が，特にLi-ion電池急拡大の要因となっていること，太陽光発電や風力発電などの自然エネルギーを利用した発電の比率が今後ますます高まり，これに伴って系統への安定的かつ高品質の電力供給という観点から，これら自然エネルギー発電施設に各種の大容量蓄電システムを併設する動きが加速されるなどの傾向がうかがえる．

このように，二次電池の市場は産業界のなかでも規模が比較的大きく，とりわけ高い成長率が期待されるため，既存企業の投資拡大や，韓国や中国を中心とした新規参入が相次いでおり，世界的な企業間競争が今後一層厳しくなることが予測される．

2.3 鉛蓄電池

(i) 鉛蓄電池の動作原理と特徴

鉛蓄電池は，一般的には多孔性の二酸化鉛を正極活物質に，海綿状鉛を負極活物質に使用し，電解液は濃度30％程度の希硫酸を使用する．正極および負極ともに集電体には格子状の鉛合金板を使用し（この格子上にペースト状の活物質層を充填塗布し，これを加熱して固着させる），正極と負極間は合成樹脂製の多孔性セパレータで分離する構造となっている．鉛蓄電池の放電時の反応式は次による（充電時はこの逆反応となる）．

正極：$PbO_2 + 3H^+ + HSO_4^- + 2e^- \rightarrow PbSO_4 + 2H_2O$

負極：$Pb + SO_4^{2-} \rightarrow PbSO_4 + 2e^-$

電池全体：$PbO_2 + Pb + 2H_2SO_4 \rightarrow 2PbSO_4 + 2H_2O$

鉛蓄電池の充放電反応は，正極側負極側ともに鉛イオンの溶解析出反応である．また，鉛蓄電池は，電解質である硫酸が活物質として充放電反応に寄与することが大きな特徴となっており，このため放電が進むにつれて硫酸が消費されるため電解液の濃度（比重）が低下し，他方充電を行う際は硫酸が生成されるため電解液の濃度（比重）は高まる．

図2・5は鉛蓄電池の放電反応の模式図である．

鉛蓄電池には次のような特徴がある．

① パワー密度が比較的高い：起電力が約2 Vと，NiCd電池やNiMH電池（いずれも約1.2 V）よりも高いこと，および電解液である希硫酸の電気抵抗がNiMH電池に比較して約半分，Li-ion電

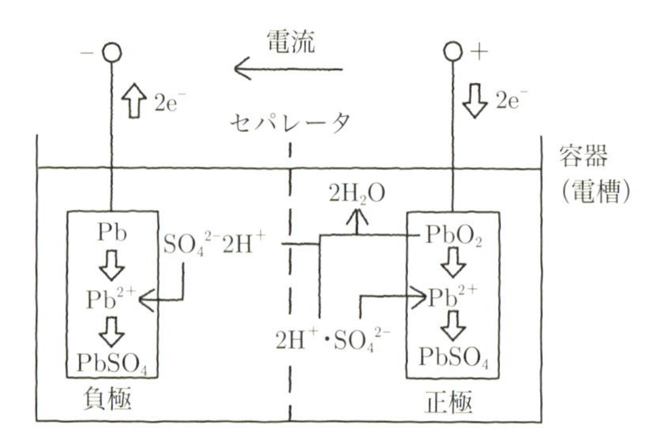

図2.5　鉛蓄電池の放電反応の模式図

池と比較して約1/100と小さいことから，比較的高いパワー密度（180 W/kg）を有する．

② コストが安い：鉛などの原材料のコストが安いことに加え，製造工程がほかの二次電池と比較して単純で合理化が進んでいる．

③ 原材料が安価で豊富：主原料である鉛の埋蔵量が豊富であり，かつ鉛はほかの工業用途での使用量が限られているため，低コストかつ長期安定供給が期待できる．

④ リサイクル体制が整備されている：欧米や日本などの先進国においては，主用途である自動車向けを中心に，リサイクルシステムが完備されており，かつかなりよく機能している．

⑤ 安全性が高い：水溶液系の電解液を使用しており，可燃部品の使用も少ないことから，爆発・発火などの危険性が少ない．ただし電解液として希硫酸を使用しているため人体への電解液接触を避けるなどの注意が必要である．

⑥ エネルギー密度が低い：Li-ion電池やNiMH電池と比較すると本質的にエネルギー密度が低い（35 W·h/kg，70 W·h/L程度）ため，

携帯用やEV，HEV用などの電池の軽さ，小ささが重視される用途には適さない．

⑦ 温度や放電率によって放電容量が大きく左右される：硫酸が充放電反応に直接関与することから，その挙動が温度や放電率の差などの影響を受けやすく，特に低温および大放電率の場合などに放電容量が大きく低下する．

⑧ 定期的なメンテナンスが必要である：充電時に水が電気分解されることおよび経時的な水の蒸発などにより電解液量は次第に減少する．液面が下がり電極と電解液との接触面積が減少すると起電力が低下するため，電解液のレベルが下限に達した場合は補水などのメンテナンス作業が必要となる．

⑨ 寿命は相対的に短い：鉛蓄電池を過放電の状態にすると負極板表面に硫酸鉛の硬い結晶が発生し（サルフェーションと呼ばれる），負極の表面積が減少して起電力が低下する．また正極板の二酸化鉛はサイクルの経過とともに徐々に脱落し，反応効率が低下する．これらの劣化要因により，サイクル寿命は500回程度と，ほかの二次電池と比較して相対的に短い．また自己放電は数%/月～数十%/月のかなり大きな値を示す．

(ii) 鉛蓄電池の種類と特徴

鉛蓄電池の種類としては，極板の種類による分類と，蓄電池の構造による分類がある．

極板の種類による分類には，クラッド式，ペースト式，チュードル式の3分類がある．このなかで最も一般的に製造されているのはペースト式極板を正極，負極の双方に使用するタイプの蓄電池で，車載用や産業用などの広範な用途に使用されている．ペースト式の極板は，鉛または鉛合金の格子状の骨組みの極板に，鉛粉を希硫酸で練った活物質のペーストを充塡して製造するもので，生産性が高く比較的薄型とすることができるなどの利点がある．

クラッド式は，ガラス繊維を円筒状に編み上げて焼き固めた担体の中に活物質ベーストを充塡したもので，これは正極板のみに使用される（正極が円筒形状であるためチューブラー式と呼ばれることもある）．このタイプは耐久性を求める長寿命タイプの蓄電池用として採用されることが多い．

チュードル式は初期の鉛蓄電池に取り入れられた方式で，正極の鉛板の表面に多数の縦溝を設けることで，極板の表面積を広げる効果を狙ったものである．現在先進国においてはこのタイプはほとんど製造されていない．

構造上では，ベント形鉛蓄電池と制御弁式鉛蓄電池の2種類がある．

ベント形鉛蓄電池は電解液の入った電槽（容器）の中に正極と負極の極板群を挿入して構成される，最もポピュラーなタイプの鉛蓄電池で，車載用のバッテリーなどとして多用されている．充電の際の水の電気分解や使用中の自然蒸発などによって電解液中の水が減少するため，時折補水が必要である．また充放電の繰返しにより硫酸が消耗するため，比重管理などにより硫酸を補充することも必要な場合がある．

図2・6はベント形鉛蓄電池の代表例である自動車用バッテリーの構造図である．

制御弁式鉛蓄電池は，ベント形鉛蓄電池のメンテナンスの必要性の低減などの改善を図った鉛蓄電池で，1980年代半ばから市場に登場した．微細ガラスマットをセパレータとして使用することによって，電解液をこのガラスマットに保持する構造であるため電解液の流動が抑えられていること，およびゴム製の排気弁を備え通常の使

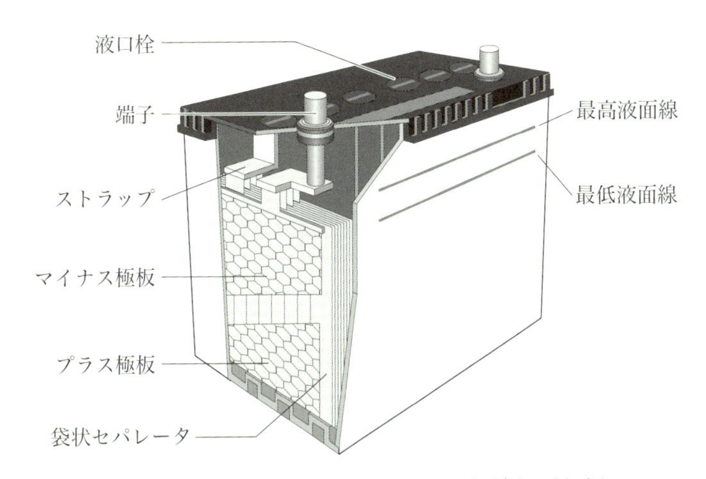

電解液のレベルが最低液面線以下になると起電力が低下するため，清浄水を最高液面線のレベルまで注水する．自動車用バッテリーは電槽（容器）内に複数の単電池を直列に配置する構造となっており，公称電圧は12 Vまたは24 Vなどがある．

図2・6　自動車用バッテリーの分解図

用時の電池内の密閉性を高めている（過剰な充電電流が流れるなどの異常時には内圧の上昇によりこのゴム弁が開いて電池の爆発を防止する）ことなどにより，水分の消耗が少ないことから，補水や点検はほぼ不要である．ただし，このような構造であるため電解液量が少なく，周囲温度の影響を受けやすく，特に高温条件下では劣化の進行が早い欠点がある．

図2・7は制御弁式鉛蓄電池の構造図である．

(iii) 鉛蓄電池の特性

ここで鉛蓄電池の代表的な特性をまとめておきたい．電池の特性を論じるうえで最も重要な特性値は放電容量である．これは満充電した電池を所定の電流で放電終止電圧に到達するまで放電した際に

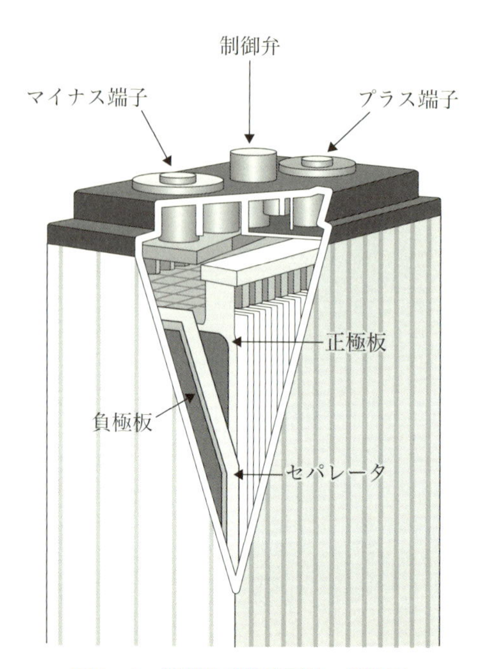

図2・7　制御弁式鉛蓄電池の構造図

取り出せる電気量である．

鉛蓄電池の放電容量は放電電流の大きさ（放電レート）によって異なり，放電レートが高ければ高いほど取り出せる容量は減少する．この原因は，鉛蓄電池の充放電反応が鉛イオンの溶解析出反応であること，および電解液の硫酸が活物質の一部として反応に直接寄与しているために，放電レートが高くなると極板内部への硫酸の供給が遅れることなどに起因していると考えられる．

放電レートと放電容量との関係を図2・8に示す．

同様に，鉛蓄電池の放電容量は温度依存性がきわめて高い．

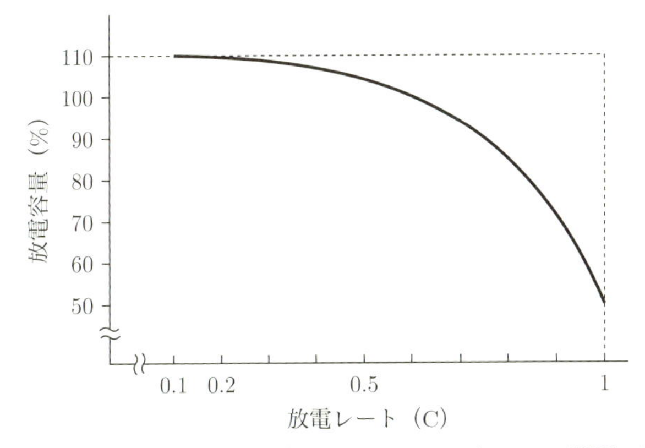

放電レートは通常Cで表記され，たとえば1 Cは1時間で定格容量を放電しきる電流値を意味する。この例では1 C放電レートの場合，放電容量は定格の50 %程度まで低下してしまうことになる．なお，本図は自動車用クラッド式鉛蓄電池の特性を示す一例であり，実際の特性は，形式，使用材料，構造などにより異なる値を示す．

図2・8　鉛蓄電池の放電レートと放電容量の関係

図2・9は自動車用クラッド式鉛蓄電池の電池温度と放電容量との関係を示す図である．

(iv)　鉛蓄電池の用途

自動車の始動や各種車載機器の給電用バッテリーとして広く使用されているほかに，非常用バックアップ電源（UPS），フォークリフトやゴルフカートなどの電動車両用動力電源などに使用されている．

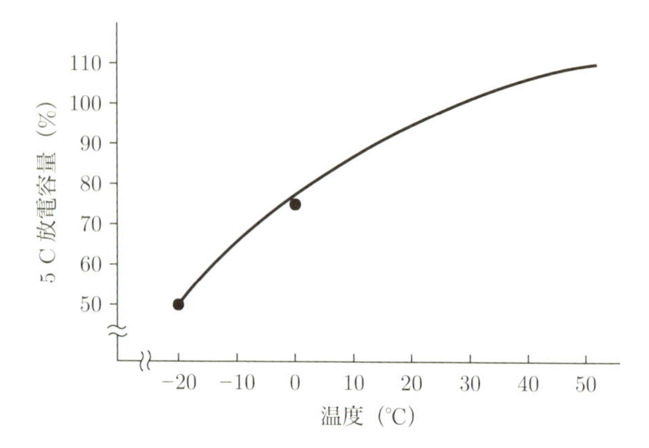

通常鉛蓄電池の放電容量は正極板の反応特性に規制されるが，低温時の特に高放電レートの放電の場合には負極板の反応特性によって放電容量が制限される．

図2・9　鉛蓄電池の電池温度と放電容量との関係

2.4　ニッケルカドミウム（ニカド）電池

(i)　ニッケルカドミウム（NiCd）電池の動作原理と特徴

ニッケルカドミウム電池（わが国ではニカド電池という呼称も広く使われ，またニッケルカドミウム蓄電池と表記されることもある）は，1899年にスウェーデン人のユングナー（Jungner）らによって発明された．鉛蓄電池の発明の約40年後のことであった．その後極板や活物質などにさまざまな改良が加えられ，さらに1900年代半ばに密閉化構造のNiCd電池が発売されてから，乾電池の代替として，民生用途に広く使用されるようになった．NiCd電池は急速充電や大電流放電が可能でコストが安いことなどの利点から民生分野に急速に販路を拡大したが，有害物質であるカドミウムを含有することから，1900

年代後半からはニッケル水素電池やリチウムイオン電池への置換えが進んでおり，現在は限られた用途のみで使用されている．

NiCd電池は，正極にニッケル化合物，負極にカドミウム化合物，電解液は水酸化カリウムなどのアルカリ水溶液を用いた二次電池で，公称電圧は1.2 Vである．充電時の正極および負極の反応式ならびに電池全体としての反応式は次式で示される（放電反応はこの逆反応）．

正極：$NiOOH + H_2O + e^- \rightarrow Ni(OH)_2 + OH^-$

負極：$Cd + 2OH^- \rightarrow Cd(OH)_2 + 2e^-$

電池全体：$2NiOOH + Cd + 2H_2O \rightarrow 2Ni(OH)_2 + Cd(OH)_2$

正極活物質は，放電状態では水酸化ニッケル（$Ni(OH)_2$）として，また充電状態ではオキシ水酸化ニッケル（NiOOH）として存在する．正極の充放電反応は均一固相反応（固体内または固体間で起こる化学反応で，反応系の分子または原子が固体内を拡散することで反応が進行する）であるため，溶解や析出のような充放電生成物の生成または析出はないものとされている．

負極活物質は，放電状態では水酸化カドミウム（$Cd(OH)_2$）として，また充電状態では金属カドミウム（Cd）として存在する．負極の充放電反応は，中間生成物を生成する過程と溶解・析出過程とを伴う不均一反応であると考えられている．

図2・10は，ニッケルカドミウム電池の正極における充電時の固相反応の模式図である．

NiCd電池には次のような特徴がある．

① 内部抵抗が小さく急速充電や大電流の放電が可能である．

② 電圧がほぼゼロに近い過放電の状態にしても，所定の回復充電

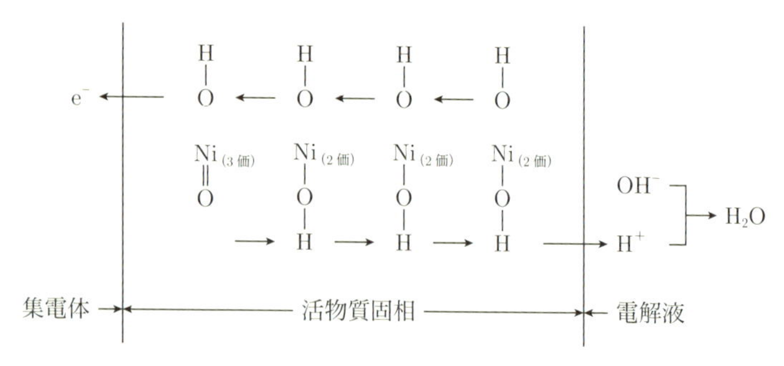

充電過程では電解液中のOH^-が結晶内部から表面に拡散してきたH^+と反応してH_2Oを生成し，NiOOHに変化する．

図2・10　ニッケルカドミウム電池の正極における充電時の固相反応の模式図

を行うことによって容量が回復するため，乱暴な扱いに耐えるタフな電池である．

③　低温環境における電圧降下が比較的少ないため，−20 °C程度の低温環境でも使用が可能である．

④　定格電圧が1.2 Vであるため，多くの機器で乾電池（定格電圧1.5 V）と置き換えて使用することができる．

⑤　自己放電は鉛蓄電池に比較すると少ないがリチウムイオン電池と比較すると劣る．

⑥　メモリー効果（ニッケルカドミウム電池を十分放電しきらずに継ぎ足し充電（トリクル充電とも呼ぶ）を繰り返すと，放電時に一時的な電圧降下を起こす現象．見かけ上容量が減少したものとみなされやすい）により，蓄電容量が十分に活用できないことがある．

⑦　有害物質であるカドミウムを含有しているため，廃棄時に環境汚染の懸念がある．

(ii) ニッケルカドミウム電池の種類と特徴

NiCd電池は極板の形式により，焼結式と非焼結式の2種類に大別される．

焼結式極板は，ニッケルめっきを施した多孔薄型鋼板の両面にニッケル微粉末を主体としたスラリーを塗布してこれを焼結した多孔質基板を集電体とする．この集電体基板にニッケル塩（正極基板）またはカドミウム塩（負極基板）を含浸し，さらにこれをアルカリ水溶液に浸漬する工程を数回繰り返して正極活物質の水酸化ニッケルと負極活物質の水酸化カドミウムを生成する．

焼結式基板は，比較的薄い極板が得られ，電気伝導度が高く，機械的強度も大きいため，優れた極板である．

非焼結式の正極極板は，スポンジ状のニッケル金属などを基板とし，活物質の水酸化ニッケル粉末をスポンジ状の空孔内に充填して製造される．また，負極極板はニッケルめっきした薄型多孔鋼板の両面に活物質の酸化カドミウムを塗布して製造する．非焼結式極板は，高いエネルギー密度を得ること，および製法の簡易化を目的として開発された．

NiCd電池は，電池形状としては円筒形，角形およびボタン形の3種類が製造されている．

図2・11は最もポピュラーな円筒形ニッケルカドミウム電池の概略構造図である．

角形電池の場合は，巻回（けんかい）ではなく正極，セパレータおよび負極を順に積層して電池素子を形成する場合が多く，封口体の構造や封口方法も円筒形とは異なるが，基本的な構成は円筒形と同様である．

(iii) ニッケルカドミウム電池の特性

NiCd電池は，急速充電が可能，大電流放電が可能な，きわめて

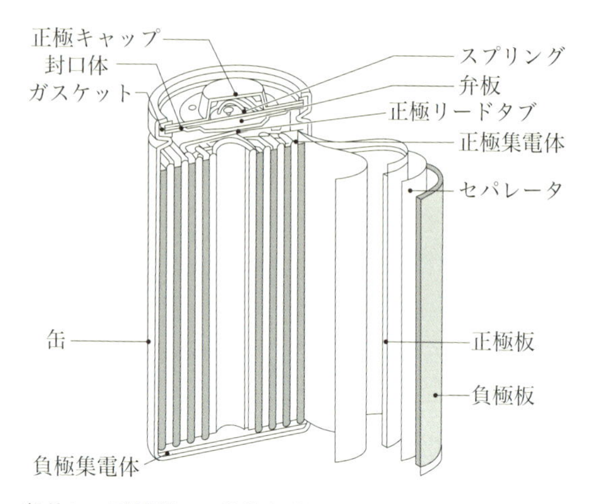

一般的に，正極板には焼結水酸化ニッケル極板，負極板には焼結水酸化カドミウム極板，セパレータにはポリアミド系またはポリオレフィン系不織布，電解液には水酸化カリウムを主成分とする水溶液，電池缶にはニッケルめっき薄型鋼板が使用される．円筒形電池は正極，セパレータおよび負極を重ねた状態で巻回した素子（通常ジェリーロールと呼ぶ）を電池缶に挿入し，ついで電解液注入，ガス排出弁を備えた封口体の取付け，ガスケットを介した密封により電池が形成される．

図2・11　円筒形ニッケルカドミウム電池の構造図

優れた充放電特性を備えた二次電池である．

図2・12にNiCd電池の放電特性の一例を示すが，このグラフからNiCd電池が定格電流（1時間で定格容量を放電しきる電流値を指し，通常これを1C電流と呼ぶ．たとえば5C放電とは定格電流の5倍の高い電流で放電することを意味する）の8倍の高電流で放電した場合でも定格容量の80％以上を放電できることを示している．また，NiCd電池の放電曲線が，放電終止にいたる直前まで，ほぼ定格電圧に近い平たんな電圧特性を示すこともNiCd電池の特徴である．

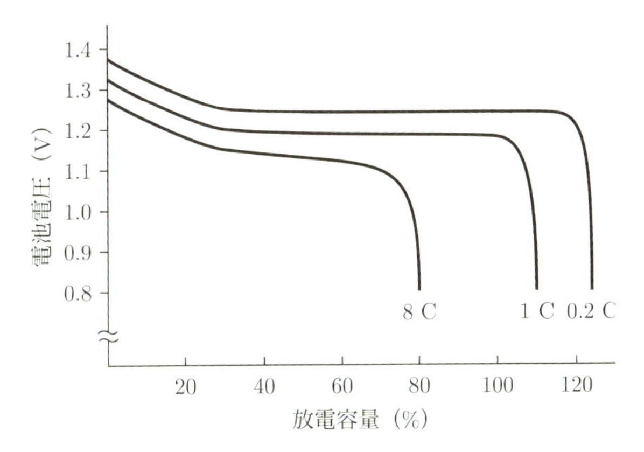

ニッケルカドミウム電池は0.2 C以下から8 C以上の広い放電電流範囲で，きわめて優れた放電特性を示す．

図2・12　ニッケルカドミウム電池の放電特性の一例

NiCd電池の自己放電特性はニッケル水素電池やリチウムイオン電池とほぼ同等で，二次電池としては比較的よい値を示す．また，サイクル寿命も500～1 000回と，ニッケル水素電池やリチウムイオン電池とほぼ同等である．

(iv) ニッケルカドミウム電池の用途

NiCd電池は，きわめて優れた充放電特性を備えたタフな電池であり，寿命も比較的長いことから，主に電動工具などの電動機器や，警報機や非常灯などの防災機器，ラジオコントロール式の模型などの玩具用として使用されてきた．

しかし，1900年代後半以降，有害物質であるカドミウムを含有することが問題視され，加えて，ニッケル水素電池やリチウムイオン電池などの優れた，無害な二次電池が市場に投入され始めたことから，現在はきわめて限られた分野でのみ採用されている．

2.5　ニッケル水素電池

(i)　ニッケル水素（NiMH）電池の動作原理と特徴

ニッケル水素電池は正極に水酸化ニッケル，負極に水素吸蔵合金（水素を可逆的に吸蔵，放出する性質を備えた合金で，一般的にMHと表記される．本項末尾の＊も参照），電解液に水酸化カリウム水溶液を使用する二次電池で，ニッケル水素蓄電池または簡易的にNiMH電池と呼ばれることもある．公称電圧はニッケルカドミウム電池と同じ1.2 Vである．

NiMH電池は，前項で述べたNiCd電池が有害物質のカドミウムを負極に使用している問題が顕在化してから，NiCd電池メーカがカドミウムを用いない電池の開発を進めた結果，1990年から市場に出回るようになった．

NiMH電池の充電時の正極および負極の反応式ならびに電池全体としての反応式は次式で示される（放電はこの逆反応）．

$$\text{正極：} NiOOH + H_2O + e^- \rightarrow Ni(OH)_2 + OH^-$$

$$\text{負極：} MH_x + OH^- \rightarrow MH_{x-1} + H_2O + e^-$$

$$\text{電池全体：} NiOOH + MH_x \rightarrow Ni(OH)_2 + NH_{x-1}$$

NiMH電池の特徴としては，次のようなものがあげられる．

① 内部抵抗がNiCd電池より低いため，急速充電，大電流放電用途により適している．

② エネルギー密度はリチウムイオン電池について高い値を有する．

③ 定格電圧がNiCd電池と同じ1.2 VであるためNiCd電池と同様に多くの電気機器で乾電池と置き換えて使用することができる．

乾電池やNiCd電池よりも内部抵抗が低いこと，および二次電池で繰返し使用が可能であることから，多くの用途でこれらほかの電池より高い性能を発揮し，かつランニングコストを下げる効果がある．

④　カドミウムを含まないため環境負荷が低く人体への悪影響はほとんどない．

⑤　NiCd電池と比較して自己放電が少なく，長期保存に耐える．

⑥　NiCd電池と比較すると過放電による電池の劣化耐性が劣る．

⑦　NiCd電池と同様にメモリー効果の影響を受け見かけ上の容量低下を起こすことがある．

⑧　加熱時や過放電時に引火性の水素ガスを発生するため，完全に密閉された場所での使用が禁止されている．

⑨　水素吸蔵合金*はレアメタルの一種であり，かつ産地が中国一国にほぼ限定されているため，資源入手難や高価格などの懸念がぬぐえない．

＊水素吸蔵合金：

水素を取り込むことができる合金が水素吸蔵合金（水素貯蔵合金と呼ぶこともある）である．

水素を吸蔵する原理は，固溶現象と化学的な結合の2種類に大別される．

固溶現象とは，固体結晶中にほかの元素が，結晶を構成する原子の間に入り込むかまたは結晶を構成する原子と置換する形で安定な位置を占めることを指す．水素吸蔵合金が水素の吸蔵と放出とを行うことができるためには，結晶構造中に水素が入り込める空隙が多数存在しその位置に水素が安定的に存在できること，およびその位置から水素が離脱できる手段があることが必要である.

化学的結合とは，合金中の元素と水素とが化合物を形成し，その化合物が安定的に存在することを意味する．この場合にも，なんらかの手段によって，元素と水素の結合が切られ（化合物が分解し）水素が放出されるメカニズムが存在しなければならない.

現在一般的に活用されている水素吸蔵合金には次のようなものがある.

① AB2型

チタン，マンガン，ジルコニウム，ニッケルなどの遷移金属の合金で，ラーベス相と呼ばれる六方晶の構造を有する．水素密度が高く容量向上が期待できるが，容量を高めるほど活性化が困難になる.

② AB5型

希土類元素（ランタン，レニウムなど），ニオブ，ジルコニウムなどと，触媒効果を有する遷移金属（ニッケル，コバルト，アルミニウムなど）を1：5の比率で合金化したもの．代表例としては$LaNi_5$や$ReNi_5$などがある．高容量が得られるが，希少で高価なレアメタルを使用することが難点である．近年，中国南部の鉱床で産出されるミッシュメタル（自然の状態で形成された合金．Mmと表記される）を未精製の状態で利用することでコストダウンを図る技術が確立されたが，このようなミッシュメタルを産出できるのは世界的にも前記中国の鉱床のみであるため，資源調達上の懸念は残る.

上記以外に，チタン鉄（Ti-Fe）系，バナジウム（V）系，マグネシウム（Mg）合金，パラジウム（Pd）系，カルシウム（Ca）系合金などの水素吸蔵合金の開発が進められている.

水素吸蔵合金の用途としては，NiMH電池の負極に使用する用途が最も多い．特に近年ハイブリッドカー（HEVまたはHV）の電力供給用電池としてNiMH電池が多用されているため，水素吸蔵合金の需要が急激に高まった．今後新たな需要が喚起される可能性が高いのは，燃料電池自動車（FCV）の水素燃料タンクであろう．

(ii) ニッケル水素電池の種類と特徴

NiMH電池には正極材料，負極材料の選択肢が限られているため，材料系による種類の違いはない．したがって，種類としては，電池形状に基づく違いがあるだけで，しかも円筒形については乾電池と置き換えて使用するために乾電池と同一寸法のものが多く，他方角形はハイブリッドカーの電源用途向けのやや大形の電池が大半を占めることが大きな特徴である．

なお，NiMH電池の構造はニッケルカドミウム電池の構造とほとんど同じであるため，詳細は省略するが，参考までに川崎重工業製大形ニッケル水素電池「ギガセル」の概略構造図を，従来の円筒型セルの構造図と対比して，図2・13に示す．

(iii) ニッケル水素電池の特性

NiMH電池の特性の中で，ほかの二次電池と比較して最も優れているものの一つが充放電特性である．通常の充電は，0.1 C程度の小さな電流値で，定電流方式で充電するのが一般的である．この充電方法は簡易で安価に充電回路が構成できる利点があり，また電池に過剰な負荷をかけない優しい充電方法であるが，他方，満充電までに10時間もの長時間を必要とするのが難点である．このため，最近では1 Cまたはこれよりも大きな電流で，数十分以内に充電を完了させる急速充電方式が広く求められている．

充電時には，電池内部での反応の結果生じる酸素と水素とが，電

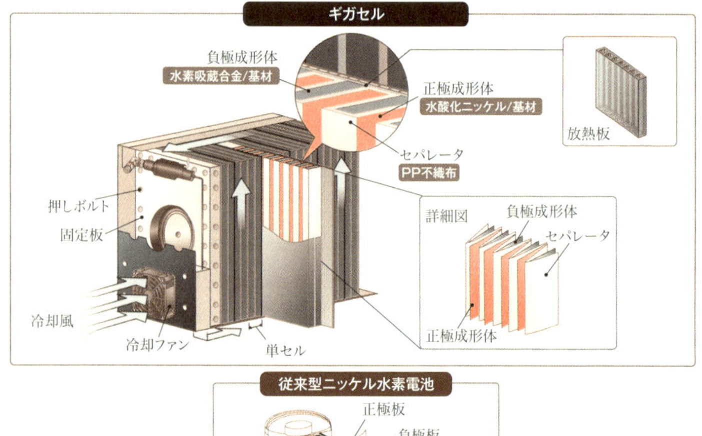

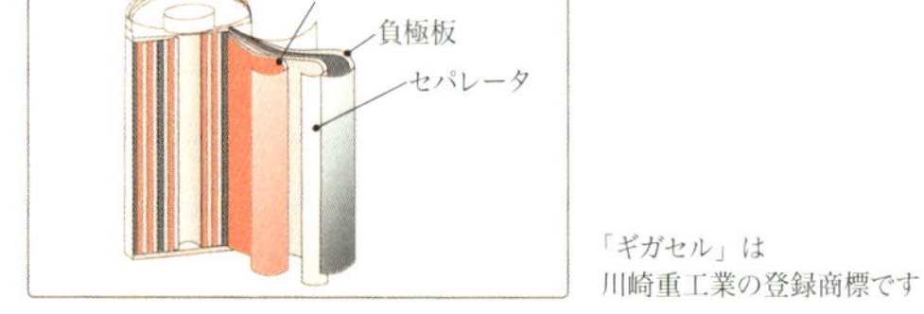

「ギガセル」は
川崎重工業の登録商標です

〔出典〕 大容量ニッケル水素電池「ギガセル」，川崎重工業，2015

図2・13 大形ニッケル水素電池（川崎重工業製「ギガセル」）の構造図と円筒形ニッケル水素電池の構造図

池の内圧を高めるため，急速充電を行えるようにするためには，この電池内部の圧力上昇を極力抑制するメカニズムが必要である．具体的には，負極においては酸素ガスの再結合を生じさせることによる酸素の消費，正極においても同様に水素ガスの再結合による水素の消費をより促進させる必要があるため，正負極界面の活性化施策，電解液量の適正化，セパレータのガス透過性，親水性の向上などのさまざまな施策が考案され，適用されている．

充電末期，特に満充電状態を超え過充電の状態においては，正極において水酸化ニッケル（$Ni(OH)_2$）のオキシ水酸化ニッケル（NiOOH）への酸化反応と同時に酸素が発生する反応が起こる．このような状況では正極が十分充電されず，放電容量が大幅に低下してしまうことがある．すなわち充電効率が大幅に低下することになる．この充電効率低下を防止するためには，正極の酸化反応電位と酸素発生電位との電位差を大きくする必要があり，水酸化ニッケルにコバルト（Co）や亜鉛（Zn）などのさまざまな元素を添加することによって充電効率を向上させる工夫がなされている．

NiMH電池の放電特性はニッケルカドミウム電池の放電特性とほぼ同様に比較的平たんな放電曲線を描く．図2・14はニッケル水素電池の放電特性の一例である．

(iv)　ニッケル水素電池の用途

円筒形の小形NiMH電池の用途は，現在はラジオコントロール式

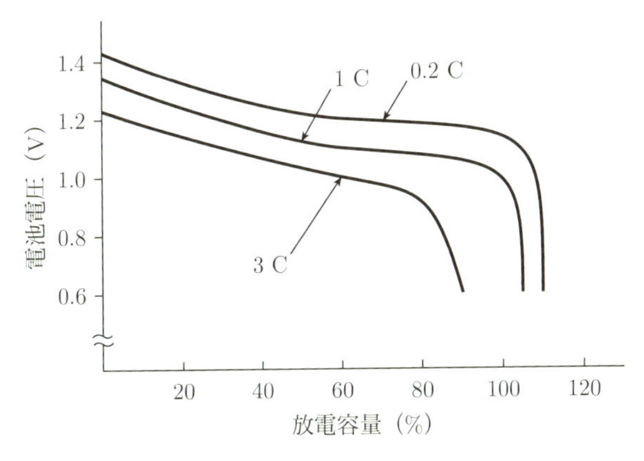

ニッケル水素電池は0.2 C～3 Cの放電電流範囲で，ほぼ100％近い放電容量を実現する．

図2・14　ニッケル水素電池の放電特性の一例

模型などの電動玩具，電動歯ブラシやコードレス掃除機などの電動家電商品，屋内用の固定電話の子機などの，大電流放電特性が必要で，軽薄短小であることを必ずしも必要としない用途に限られているといっても過言ではない．1990年の発売当初は，NiCd電池と比較して5割近く容量が高いことや，環境に優しい点などが評価されて，当時急成長していたノートPCや携帯電話，ついで音楽プレーヤやディジタルカメラなどに採用が進んだが，NiMH電池に1年遅れて市場に投入されたリチウムイオン電池との軽薄短小化ニーズに対する性能競争に敗れ，現在こうした分野はリチウムイオン電池の独壇場となっている．

他方，角形NiMH電池は，急速充電・大電流放電特性，および安全性の高さなどが評価されて，ハイブリッドカー（HEV）市場を先導するトヨタおよびホンダの両社が，モータの電力供給用に角形NiMH電池を採用したことから，ほかのHEVメーカもこれに追随し，2003年以降，NiMH電池の出荷額は再度成長軌道に乗り，現在もこの傾向は続いている．さらに大形の角形NiMH電池はバスや電車などの大形電動車両，および重機などの産業機械の電力供給用電池としても採用されている．これに加えて，大形NiMH電池システムの用途拡大は続き，電力系統の電力品質維持向上のための中継蓄電システム，地下鉄やモノレールなどのシステムの省電力化を進めるための大形畜・給電システム，太陽光発電や風力発電などの出力変動が激しい再生可能エネルギー発電システムの出力調整，電力品質向上のための蓄電システム，ビルの省エネ化を推進するための蓄電システムなど，多様な分野での大形NiMH電池活用が進められている．

このように，大形ニッケル水素電池市場は再び活況を呈しているものの，前途は必ずしも楽観できない．

理由は，第一にライバルのリチウムイオン電池の性能改善，コストダウンの推進が目覚しい勢いで進んでおり，大電流，大出力を必要とする分野にもリチウムイオン電池が次々に採用され始めていることである．NiMH電池の独壇場であったHEVについても，最新モデルにはリチウムイオン電池を採用するケースが増えている．また，その他の産業用の諸分野においても，リチウムイオン電池を用いた大形蓄電システムとNiMH電池を採用した大形蓄電システムとの開発競争，受注獲得競争がしれつになりつつある．

第二の理由は，特に定置用大形蓄電システムの分野には，大形分野が得意な強力なライバルが存在することである．この分野にすでに多くの実績をもつナトリウム硫黄（NaS）電池（2.7項参照）がこの分野のライバルである．NaS電池は常時高温運転を行わなければならない電池であるが，逆にそのために運用コストが相対的に安くなるという利点があり，大形蓄電システム分野では，NiMH電池，リチウムイオン電池，およびNaS電池が三つどもえで競争しているというのが現状である．さらに近い将来には，レドックスフロー電池（同じく2.7項参照）もこの分野への参入がほぼ確実な状況にあり，一層の競争激化が予想される．

2.6 リチウムイオン電池

(i) リチウムイオン電池の動作原理と特徴

現時点で，最もバランスのとれた，優れた二次電池と評価されているリチウムイオン電池（Li-ion電池と表記されることが多い．また英語の頭文字をとってLIB〈リブ〉などと略称されることも多々ある）の詳細に入る前に，Li-ion電池の先駆けとなったリチウム金属電池について若干触れておきたい.

二次電池においては，正極電位と負極電位との差が起電力，すなわち電池の電圧となるため，この電位差が大きければ大きいほど，起電力が大きくなるため，電位差は優れた二次電池を構成するうえでの重要な要因の一つである．金属リチウム（Li）は，さまざまな金属の中でもとりわけ電位が卑の（低い）金属の一つで，標準水素電極との電位差（標準電極電位と呼ばれる）は−3.045 Vである．ほかの金属元素の標準電極電位はたとえば鉛（Pb）は−0.126 V，亜鉛（Zn）は−0.763 Vであり，金属リチウムが優れた負極としての可能性を秘めていることは明確である．これが，金属リチウムを負極とし適切な正極と組み合わせて構成した電池が「究極の二次電池」と呼ばれるゆえんである.

金属リチウムを負極とし，二酸化マンガン（MnO_2）を正極活物質にした金属リチウム電池が，1987年にカナダのベンチャー企業「Moli Energy」で商品化され，市販された．定格電圧は2.7 V，容量も当時としては画期的な値であったため，勃興期にあった携帯電話およびノートPCの電力供給用として，一部の機種に早速搭載され，話題を呼んだ.

しかし，金属リチウム電池には幾つかの課題が完全には解決されぬまま残っており，いわば見切り発車的な商品の市場投入であったために，市場での発火事故*が何件か発生し，結局「Moli Energy」は1989年に倒産，金属リチウム電池も市場から姿を消すことになった.

＊発火事故：

リチウム金属電池は充放電のサイクルを繰り返すにつれて，デンドライトと呼ばれる針状のリチウム金属が析出し，これがプラスチック製の薄いセパレータを突き破り，正極と負極を短絡（ショート）させて，電池の発熱，発火にいたらしめる現象が起こることが知られている．リチウムは水と激しく反応することから，活物質としてリチウムを使用する電池の電解液には，水溶液系の電解液が使用できないため，一般に有機系の電解液が使用されるが，有機系電解液は可燃性であるため，いったん電池が発火すると激しい燃焼，爆発が引き起こされる．

このデンドライトがセパレータを突き破る現象を防止するため，デンドライトの発生を抑制するための添加剤の工夫や，セパレータと電解質を一体として固体化する技術などが検討されてきたが，2015年現在でもリチウム金属電池の安全性を高いレベルで担保する技術は確立されていない．

余談になるが，この「Moli Energy」が，筆者が電池事業にかかわる契機となった会社であった．1990年にMoli Energy再建のために筆者らがカナダに赴任し，これ以降さまざまな困難に遭遇し，悪戦苦闘した経緯をつづった『果てしなき道のり』と題する書を2014年に電気書院より発刊した．ご興味をおもちいただける方は，本書と併せてご一読いただければ幸いである．

さて，本題のリチウムイオン（Li-ion）電池についてである．Li-ion電池は，1980年に英国原子力エネルギー公社（AEA：Atomic Energy Authority）のグッドイナフ（Goodenough）や水沢らがコバルト酸リチウム（$LiCoO_2$）などのリチウム遷移金属酸化物がリチウムイオンを吸蔵することができる（このような層状構造を備えた物質の層間にイオンなどを挿入する現象はインターカレーションと呼ばれる）ことを発見したのが端緒である．ついで三洋電機（当時）の池田らが，炭素の結晶中にリチウムイオンが吸蔵できることを発見，これを二次電池の負極とすることができることが明らかになった．これらの発明を契機に各社の研究が進み，1990年にはソニーおよび旭化成の2社でLi-ion電池の開発がほぼ完了し，1991年から市販された．

原理は，リチウムイオン（Li^+）を吸蔵できる電位差の異なる層間化合物を正極および負極に用い，充電の場合にはリチウムイオンが負極側に吸蔵され，放電の際はこの逆にリチウムイオンが正極側に吸蔵される，「ロッキングチェアーテクノロジー（Rocking-Chair Technology，揺り椅子技術）」と呼ばれる，酸化還元などの化学反応を伴わないメカニズムによって充放電が行われる．化学反応を伴わないため，層間化合物の結晶構造はおおむね維持され，反応生成物がほとんどない，可逆性の高い（結果としてサイクル寿命の長い）二次電池を構成することができる．また電気の担体がリチウムイオンであるため，移動速度が速く，イオンの移動に伴う電気的な抵抗も小さいため，きわめて優れた電気性能を備えることができる．

Li-ion電池の正極および負極に採用できる物質は非常に多様であるが，これらの材料は結晶構造内にリチウムイオンを吸蔵することができる層状の構造を備えることが必要である．

選択された正・負極材料によって電極反応は異なり，これら材料によって構成されるLi-ion電池も多様な性能および特性を発揮する（詳しくは次項で詳述する）が，ここでは代表的な負極材料である炭素（C，カーボン），およびポピュラーな正極材料であるコバルト酸リチウム（$LiCoO_2$）の反応式を示す．

炭素負極の反応は次式で示され，右方向が充電反応，左方向が放電反応である．

$$C_y + {}_xLi^+ + {}_xe^- \rightleftarrows C_yLi_x$$

ただし，xおよびyは価数に応じた定数である．

同様に，コバルト酸リチウムを活物質とする正極反応は次式で示され，右方向が充電反応，左方向が放電反応を表す．

$$\mathrm{LiCoO_2} \rightleftarrows \mathrm{Li_{1-x}CoO_2} + {}_x\mathrm{Li} + {}_x\mathrm{e^-}$$

図2・15は上記のようなLi-ion電池の充放電反応を模式的に表したものである．

Li-ion電池の特徴としては次のようなものがあげられる．

① 多様な正極，負極，電解液材料の選択肢があるため，所望の特性に近い二次電池を構成することが可能である．材料の選択により，さまざまな定格電圧，エネルギー密度，パワー密度，充放電特性などを実現する設計，製品化が比較的容易に行える．

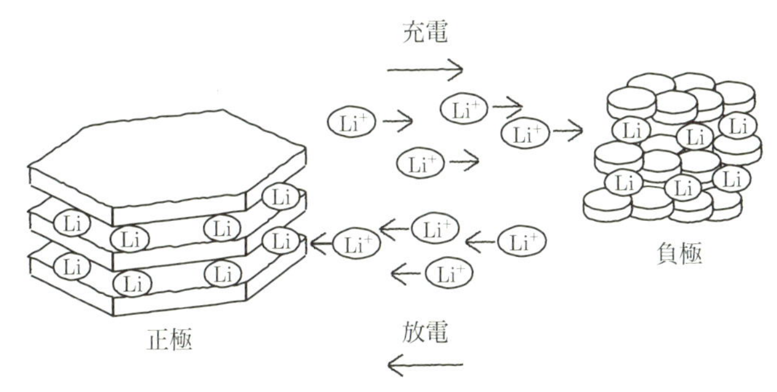

リチウムイオン電池を充電する際は，正極の中のリチウムイオンが引き抜かれ，電解液中を移動し，セパレータを通って負極に到達し負極内に吸収（挿入）される．逆に放電の際は負極から吸蔵されていたリチウムイオンが放出され，イオンが充電時と逆方向に移動して正極に到達し，ここに吸蔵（挿入）される．この放電の際に電気エネルギーを外部に取り出すことができる．

図2・15 リチウムイオン電池の充放電反応の模式図

② 非水系の電解液を使用するため，水の電気分解電圧を超える高い電圧が得られ，高いエネルギー密度が実現できる．また氷点下の温度でも動作する．

③ メモリー効果がないため，継ぎ足し充電を行っても問題が生じない．

④ 充放電を繰り返しても，金属リチウム電池のようなデンドライトの発生がないため安全性が向上している．

⑤ 充放電メカニズムが層間構造を有する正・負極へのリチウムイオンのインターカレーションであるため，反応生成物がほとんどなく，サイクル寿命が長い．

⑥ 自己放電特性はNiCd電池やNiMH電池と比較して格段に優れている．

⑦ 高容量電池であること，可燃性電解液を使用していること，および常用領域と非安全領域とがかなり接近していることなどの理由で，充放電時の安全性を確保するために監視・保護回路を備える必要がある．（過充電，過放電，電池内部および外部における短絡，過度の外力や振動・衝撃など，いわゆるアブユース〈異常な使用状態〉を極力避けるとともに，万一このようなアブユース状態にいたっても電池の発火，爆発などが防止できる機能を備える必要がある．）

⑧ 定格電圧が異なるなどの理由により，そのままでは乾電池の代替電池としての使用はできない．

⑨ ①で述べた電池の設計自由度が高いために，カスタム設計品が多く，標準化がむずかしい．特に角形やラミネートパッケージタイプの製品（次項参照）にこの傾向が顕著である．

(ii) リチウムイオン電池の種類と特徴

前項で，Li-ion電池はさまざまな正極材料および負極材料を選択して，所望の特性の二次電池を設計，製造することが可能であると述べた．Li-ion電池の種類は，まずこの正・負極材料の選択に応じて区分することが必要である．次に，主要な材料系と特性について述べる．

(1) 正極活物質および正極極板の構成

表2・4に，代表的なLi-ion電池の正極材料と，主要な特性をまとめた．ここで，電位は水素標準電極に対する電位，容量密度は材料の単位重量当たりの容量，エネルギー密度は同様に単位重量当たりのエネルギー密度を示す．

コバルト酸リチウム（$LiCoO_2$）は，Li-ion電池開発当初から採用されてきた正極活物質材料で，現在も汎用小形Li-ion電池用に広く採用されている．結晶構造は六方晶の層状構造をしており，この層間にリチウムイオンを挿脱することができる．挿入されたリチウムを100 %引き抜く（すなわち完全放電状態にする）ことができれば，理論容量は274 mA·h/gとなるが，実際上はリチウムを半分ほど引き抜くと結晶構造が変わり，これ以降リチウムの挿脱が可逆的でなくな

表2・4　代表的なリチウムイオン電池用正極材料

特性	電位（V）	容量密度（mA·h/g）	エネルギー密度（kW·h/kg）
$LiCoO_2$	3.7	140	0.518
$LiMn_2O_4$	4.0	100	0.400
$LiNiO_2$	3.5	180	0.630
$LiFePO_4$	3.3	150	0.495
$LiFePO_4F$	3.6	115	0.414
$LiCo_{1/3}Ni_{1/3}Mn_{1/3}O_2$	3.6	160	0.576
$Li(Li_aNi_xMn_yCo_z)O_2$	4.2	220	0.920

り，また電解液の分解が発生するなどの問題が生じるため，実用上はほぼ半分までのリチウム引き抜き，容量密度は理論容量のほぼ半分の140 mA·h/g程度に止める使い方がなされている．コバルト酸リチウムはLi-ion電池の正極材料としてはバランスのとれた，かなり優れた材料であるが，レアメタルの一つで資源埋蔵量に制約のあるコバルト（Co）を使用するため，相対的に価格が高く材料確保が困難であるなどの課題があり，資源量がより豊富なマンガン（Mn）やニッケル（Ni）化合物への転換が模索されてきた．

マンガン酸リチウム（$LiMn_2O_4$）はコバルト酸リチウムよりも高電圧が得られるものの容量密度がコバルト酸リチウムに比べて約3割劣るため，小形高容量を必要とするアプリケーション向けとしては積極的な採用が手控えられてきた．しかし，結晶構造がスピネル構造と呼ばれる立方晶（単なる層状ではなく縦方向を支える柱のような構造を含む）であるため，コバルト酸リチウムのようなリチウム引き抜きの制約がなく，また結晶構造が強固であるため安全性が高いなどの利点があるため，大電流放電を必要とする用途向けなどのやや大形のLi-ion電池用としては，優れた性能の正極材料である．開発当初は充放電サイクル特性や高温保存特性がコバルト酸リチウムよりも劣る，といった難点が指摘されていたが，マンガン（Mn）の一部をマグネシウム（Mg），コバルト（Co），鉄（Fe）などのほかの金属元素で置換するなどの手段によって，このような弱点が緩和されることが確認され，1995年にはMoli Energyの再建会社からマンガン酸リチウムを正極材とする角形Li-ion電池が発売された．現在，日産のリーフや，三菱自動車のi-MiEVなどのEV車に搭載されている電池，およびボーイングの最新鋭の787型航空機の機内電力供給用として搭載されている電池は，このマンガン酸リチウムを主正極材とするLi-ion電池である．

他方，ニッケル酸リチウム（$LiNiO_2$）は，コバルト酸リチウムよりも3割近く容量密度が高いものの，コバルト酸リチウムよりも電位が低いこと（したがって電池の定格電圧が相対的に低くなる）および熱安定性が劣る（したがって安全性に不安がある）ことから，ニッケル酸リチウム単独でLi-ion電池の正極材として実用化された例はなく，コバルト酸リチウムなどのほかの正極材料との混用，またはコバルトやマンガンとの複合化合物（三元系，後述）として利用されている．

初期のLi-ion電池の正極材として検討されてきたのはこれまで述べてきた，コバルト酸リチウム，マンガン酸リチウム，ニッケル酸リチウムの3種類のリチウム遷移金属酸化物であったが，コバルト，ニッケル，マンガンなどと同様の性質を備え，かつ資源埋蔵量が格段に多い鉄（Fe）系の正極材開発はやや遅れた．理由は，鉄のリチウム酸化物が不安定であることや，導電性が前記3種類の正極材料と比較してかなり劣ることなどが指摘されていた．しかし，カナダのハイドロケベック（Hydro Quebec）社などが，りん酸鉄リチウム（$LiFePO_4$）を正極材とするLi-ion電池の特許を取得，また導電性もりん酸鉄リチウム粒子にカーボンコーティングを施すなどの手法で大幅な改善が図られたことなどから近年急速に実用化が進んでいる．りん酸鉄リチウムを正極材とするLi-ion電池は，電位はコバルト系やマンガン系より低いものの，Fe-P-Oの結晶構造が非常に強固であるため，大電流放電特性，サイクル寿命および安全性などに優れ，マンガン系正極材と同様に，車載用などの大形Li-ion電池に最適な正極材として，特に中国などで急速に生産拡大が進んでいる．

一方，高電圧化，高容量化，およびサイクル特性や安全性などの各種特性を改善する目的で，複合酸化物正極の開発が目覚ましく進んでいる．代表的な正極材料としては，いわゆる三元系と呼ばれる，コバルト，マンガン，ニッケルをそれぞれ1/3量含有する複合酸化物$LiCo_{1/3}Ni_{1/3}Mn_{1/3}O_2$がある．これはコバルト酸リチウム単体を正極材とするLi-ion電池より約10％容量が向上し，より高い安全性を実現している．高価なコバルトの使用割合が少なくなることから，コスト面でのメリットも期待できる．また，マンガン酸リチウム正極材と比較すると5割近い容量アップが実現でき，比較的高い安全性が担保されていることから，大電流用途向け製品にも採用され始めている．

この三元系正極材の発展系として$Li(Li_aNi_xMn_yCo_z)O_2$（式中のa，x，y，zはいずれも定数）などの複合酸化物がある．この正極材は4.2 Vの高電圧，220 mA·h/gの高容量密度を実現しており，Li-ion電池の高容量化を促進する期待を担う正極材の一つである．

正極極板の製造方法は，一般的に微細粉状にした正極活物質に導電材（一般的には炭素系材料）および結着材（バインダーとも呼ばれる．当初はポリふっ化ビニリデン（PVDF）などの樹脂系結着材が多く用いられたが，近年はより結着性が高いゴム系結着材を使用するケースも増えつつある）を混合し，適切な溶剤（結着材がPVDFなどの場合は有機溶剤，ゴム系結着材の場合は水系の溶剤が使用される）とともに混錬したペースト状の合材を集電材のアルミ箔（はく）の両面に薄く（通常，数十μ～数百μ）塗布し，これを熱風炉などで乾燥させた後，極板表面が金属光沢を示す程度まで押圧し，さらにこれを所望の寸法に裁断して極板とする．

(2)　負極活物質および負極極板の構成

表2・5には，代表的なリチウムイオン電池用負極材料の特性を示した．

表2・5 代表的なリチウムイオン電池用負極材料

特性	電位(V)	容量密度(mA·h/g)	エネルギー密度(kW·h/kg)
グラファイト(LiC_6)	0.1～0.2	372	0.0372～0.0744
$Li_4Ti_5O_{12}$(LTO)	1～2	160	0.16～0.32
$Li_{4.4}Si$	0.5～1	4 212	2.106～4.212
$Li_{4.4}Ge$	0.7～1.2	1 624	1.137～1.949

Li-ion電池の負極材料として最も多用されているのはグラファイト(黒鉛)である．グラファイトは六角形の炭素の結晶が隙間なく隣り合った平面状の層を上下方向に多数積み重ねた結晶構造を備えており，リチウムイオンはこの層間に吸蔵される．充電状態の層間化合物の化学式はLiC_6で示される．グラファイトを含む炭素系負極の電位は標準水素電極の電位にきわめて近い0.1 V～0.2 Vであるため，正極材料と組み合わせた二次電池の定格電圧を比較的高く維持できること，資源が非常に豊富であることなどから，Li-ion電池の開発当初から負極材料として広く採用されてきた．炭素系負極材料としてはグラファイトのほかに難黒鉛化炭素(コークス)があり，Li-ion電池開発当初はコークスが負極材料として採用されたが，容量がグラファイトと比較して低いこと，および放電電圧特性が単調減少曲線を描くことから，低電圧領域の貯蔵容量を有効に活用できないなどの難点があり，現在では大半のLi-ion電池にグラファイトが負極活物質として使われている．

炭素系材料，特にグラファイトは優れた性能を備えた負極活物質ではあるが，容量密度が372 mA·h/gとやや低く(最も理想的な負極材料であるリチウム金属はグラファイトのほぼ10倍の3 861 mA·h/gの理論容量を有する)，現在実用化されているLi-ion電池の大半が，実現可能な目一杯の容量を使いきる設計になっており，昨今は負極容量がLi-ion電池のさらなる容量向上の阻害要因となる状況に陥っている．

この状況を改善し，さらなる容量向上を実現するために，さまざまな負極材料の検討がなされてきたが，なかでもシリコン（Si），すず（Sn），ゲルマニウム（Ge）とリチウムとの合金負極は，電位が炭素系負極と比較して1 V程度高いという難はあるものの，理論容量が炭素系負極の数倍～十数倍と大きいためかなりの容量向上が期待される．シリコンやすずのリチウム合金負極は一部実用化されつつあるが，充放電時の体積変化が著しく大きく，電池の機械的強度や安定性およびサイクル性能などに悪影響を及ぼすため，これらの課題を克服するための検討がなされている．

近年注目を集めている負極材料はチタン酸リチウム（$Li_4Ti_5O_{12}$，LTOとも呼ばれる）である．チタン酸リチウムは電位が約1.5 Vと高く，理論容量も160 mA·h/gと，炭素系負極材料や金属化合物負極材料と比較してかなり小さいが，非常に強固な結晶構造であるため，超急速充電，大電流放電が可能であり，安全性もきわめて高く，サイクル寿命も6 000回以上を保証するなど，丈夫でタフな電池となっている．チタン酸リチウムを負極とするLi-ion電池は，東芝が「SCiB」という商品名で市販しており，車載用や大容量蓄電用などの大形二次電池分野で，独自の販路拡大を進めている．

負極極板の製造も，正極極板の製造とほぼ同様に，活物質，導電材，結着材，および溶剤を混錬し，これを集電体の銅箔（どうはく）の両面に塗布し，乾燥，押圧，および裁断して製造する．使用する導電剤，結着材および溶剤も，正極極板の製造に使用する材料とほぼ同様であるが，電池を形成したときの正極と負極の電位の違いから，負極集電体には一般に銅または銅合金の箔（はく）が使用される．

(3) 電解質・電解液およびポリマー電解質

リチウムイオンを吸蔵した炭素も，リチウム金属と同様に水と激しく反応するため，Li-ion電池には水溶液系の電解液は使用できない．このため，Li-ion電池の電解液としては有機系（非水溶液系）の電解液が使用される．有機電解液の物性は，使用する電解質（一般的にはリチウム塩）および溶媒によって異なるが，いずれも水溶液系の電解液と比較すると次のような欠点を有している．

・導電率が水溶液と比べると2～3桁劣るため，電池の内部抵抗が高くなる．
・水溶液に比べると溶解度が低く，電解質の濃度を高くすることがむずかしい．
・有機溶媒の分子はいったん分解するともとに戻せないので，分解を起こさないように，過充電や過放電を起こさせない管理が必要となる（充放電保護回路が必要となる）．

他方有機電解液の利点としては次のようなものがあげられる．

・水溶液系電解液より酸化・還元に対して安定であるため，高電圧の電池を構成することができる．
・水溶液系電解液よりも融点の低い電解液が選択できるため，低温でも使用できる電池がつくれる．
・電極活物質は水溶液系電解液中よりも有機電解液中のほうがより安定である場合が多く，自己放電が小さい電池を構成できる．

現在一般的に使用されている電解質としては，ヘキサフルオロりん酸リチウム（$LiPF_6$），ほうふっ化リチウム（$LiBF_4$），過塩素酸リチウム（$LiClO_4$）などがある．

また有機溶媒としては，エチレンカーボネート（EC），プロピレンカーボネート（PC）などの環状炭酸エステル，ジメチルカーボネート

（DMC），エチルメチルカーボネート（EMC），ジエチルカーボネート（DEC）などの鎖状炭酸エステル，1,2-ジメトキシエタン（DME）などの鎖状エーテルなどの中から幾つかを選択して組み合わせて使用することが多い．

近年，電解液の液漏れ防止，難燃化，電池構造の柔軟化などを志向して，電解液を固体化する研究が進んでいる．

現在実用化されているものは，完全に固体化されたものではなく，電解質および電解液をポリエチレンオキシド（PEO）やポリふっ化ビニリデン（PVDF）などの高分子化合物に含ませてこれをゲル状（ポリマー）にしたもので，いわば電解質および電解液を準固体状態に形成した物体である．このポリマー電解質層を正極極板と負極極板との間に挟んで形成した電池はポリマー電池と呼ばれている．

ポリマー電池は液漏れの不安がおおむね解消されるため，ラミネートパッケージ（パウチ外装とも呼ばれる．後述）などの簡易外装が適用できるなどの利点があるが，動作原理は一般のLi-ion電池となんら変わるところはなく，Li-ion電池の1品種として位置づけられている．

⑷　セパレータ

Li-ion電池のセパレータには，ポリエチレン（PE）やポリプロピレン（PP）などのポリオレフィン系多孔膜が使用されている．セパレータは，正極と負極とを電気的に分離する役割を担うとともに，正極・負極間のリチウムイオンの行き来をより容易にさせるといういわば相反する特性を併せもつ必要がある．またきわめて薄い（通常数マイクロメートル）膜でありながら，電池の充放電によって引き起こされる内圧の変化や，電池素子（ジェリーロール）形成時に印加される引っ張り応力に耐えるための機械的強度も要求される．このため，近年はポリエチレンまたはポリプロピレン単一膜ではなく，これらの複合膜を使用することが多くなった．

なお，前記ポリマー電池の場合は，ポリマー層そのものがセパレータの役割を担うため，別にセパレータを備える必要はない．

(5)　外装

Li-ion電池の外装缶としては，NiCd電池やNiMH電池などと同様に金属缶を用いるのが一般的である．円筒形Li-ion電池の封口は，乾電池などと同じクリンプ（かしめ．円筒外装缶内にジェリーロール〈電池素子〉を収容し電解液を注入した後に，かしめ加工により電極キャップを電極缶外周に押圧固定させて封止する）方式であるため，電池缶には機械的強度および加工性に優れたニッケルめっき鉄缶を使用する場合が多い．他方，角形Li-ion電池では，かしめ加工法は適用できず溶接によって封口する場合が多いため，軽量化を求めてアルミ合金を使用する場合（小形角形電池に多い）と，機械的強度を重視してステンレス合金を採用する場合（EV用などの大形角形電池に多い）とがある．なお，先にも触れたように，アルミ箔（はく）を芯材とし，この上にプラスチック箔（はく）をラミネートしたラミネート材を使用したラミネートパッケージも比較的多く採用されるようになってきた．

Li-ion電池を形状面から分類すると，ほかの二次電池と同様に円筒形と角形とに分けられるが，Li-ion電池にはほかの二次電池にはない特殊な形状がもう一つある．これが，前記ポリマー電池で触れたラミネート外装パッケージである．ここでは，Li-ion電池の構造上のほかの二次電池との違い，特に電極構造および外装上の特徴についてすこし詳しく述べておきたい．

図2・16は円筒形リチウムイオン電池の構造図である．この図を見ただけでは，NiCd電池やNiMH電池との違いがわかりづらいが，電池を構成する要素部品の中に，PTC素子，電流遮断機構など，ほ

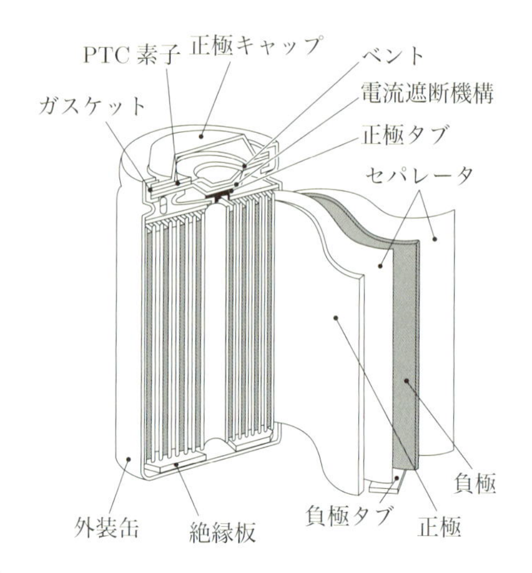

円筒形リチウムイオン電池の大きな特徴は，PTC素子，電流遮断機構，ベント（ガス排出弁）などの電池の安全性を担保する機能を電池内部に備えること，ならびにジェリーロール（電池素子）を構成する正・負極極板およびセパレータがほかの二次電池と比較してきわめて薄いことである．

図2・16　円筒形リチウムイオン電池の構造図

かの二次電池には含まれていなかったものが組み込まれていることに着目していただきたい．

PTC素子は，ジェリーロール（電池素子）と正極キャップとの間に電気的に直列になるように配設されており，なんらかの原因で電池内を流れる電流量が増加し，電池温度が急激に上昇する状況になったときに，素子の内部抵抗が増加し，素子を通過して流れる電流（すなわち電池から流れ出る電流）の量を制限する働きをする素子である．いい換えると電池内部で過電流を防止する働きをする素子であるといえる．

電流遮断機構は，PTC素子と同様に電流が流れる回路内に直列に設けられており，PTC素子の働きだけでは電流の急増，電池温度の急上昇が制御しきれない状況になったときに，この機構を通って流れる電流を完全に遮断する機械的な遮断機構である．

これらの素子，機構に加えて，ベント（ガス排出弁）が設けられており，過電流，ショート（短絡）その他なんらかの原因で電池内圧が急激に上昇する状況になるとベントが開きガスを電池外部に放出させて電池の爆発を防止する働きをする．

PTC素子，電流遮断機構およびベントはLi-ion電池の安全性を電池内部で担保する機能であり，ほかの二次電池にはない大きな特徴である．なお，電流遮断機構およびベントは一度作動すると復帰をすることはなく，その場合は電池の交換が必要となる（鉛蓄電池の一部やニッケル水素電池にもガス排出弁は設けられているが，ガス排出弁は電池の内圧が低下すると自動的に復帰する構造である場合が多い）．

円筒形Li-ion電池の構造上のもう一つの大きな特徴は，ジェリーロールを構成する正・負極極板およびセパレータが，ほかの二次電池と比較してきわめて薄くつくられていることである．この最大の理由は，Li-ion電池が水溶液系電解液と比較して1～2桁導電率が低い有機系電解液を使用するため，電池の内部抵抗を極力低くするための工夫である．すなわち，正極と負極との間隔を極力狭め，正極と負極の対向する面積を極力大きくして極板間の電気抵抗を減らすために，集電体の銅箔およびアルミ箔は数～十数マイクロメートル，活物質層は数十～百マイクロメートル，セパレータは数マイクロメートルのものが採用されている．ジェリーロールは，負極極板，セパレータ，正極極板，セパレータを重ねて多数回巻回して形成するが，この巻回工程中に，集電用の正・負極タブの極板集電体への溶着も行われる．

円筒形Li-ion電池の外装缶にはニッケルめっきの鉄缶が用いられる場合が多いが，この場合は使用する材料の電位の関係で，外装缶側が負極，キャップ側が正極である．

市販されている円筒形Li-ion電池の寸法はかなり限られており，ソニーが自社の特殊事情（カムコーダーに必要な容量を確保するために選択した特殊サイズ）で発売開始し，その後ノートPC向けなどでデファクトスタンダードとなった18650サイズが大半である．このほかには小形機器向けの単3サイズ（14500）および動力用などの大形サイズ（26650）などがある．

なお，Li-ion電池は，安全性を確保する観点から，原則として電池単体を市販することはなく，保護回路を内蔵したパックの状態で販売するのが一般的である．

図2・17は角形Li-ion電池の構造図である．角形Li-ion電池の場合は，構造上および加工上の制約から，円筒形Li-ion電池が内蔵しているPTC素子および電流遮断機構を備えず，ベントのみを設ける場合が多い．ベントの構造も，外装缶壁に切欠きを入れ，電池缶の内圧上昇時にこの切欠きが裂けることでベントが行われるような，比較的簡易な構造がとられる場合が多い．したがって角形電池の安全性確保は，外付けの保護回路に依存する割合が高くなる．

角形Li-ion電池の正極極板，負極極板，セパレータは基本的には円筒形で用いるものと変わらないが，ジェリーロールの形成方法はやや異なる．最も一般的な方法は円筒形のジェリーロール巻回方式と類似した方法でだ円形状のジェリーロールを巻回形成し，これを厚さ方向に押圧して平たいジェリーロールに成型する方法である．このほかに，短冊状の極板を袋状のセパレータ内に収めて積層する

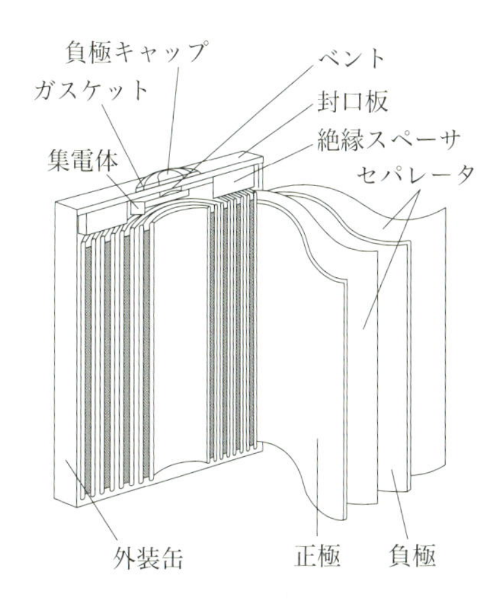

角形リチウムイオン電池は，PTC素子や電流遮断機構を内蔵しないものが多い．角形リチウムイオン電池のジェリーロールは，正極基板，セパレータ，負極基板，セパレータを重ねて円筒形ジェリーロール巻回と類似した方法でだ円状に巻回した後，だ円部を圧縮整形する方法，袋状のセパレータ内に一方の極板を挿入したものと他方の極板を重ねて積層する方法，または短冊状の極板とセパレータとを順次積層する方法などによって形成する．

図2・17　角形リチウムイオン電池の構造図

方法，セパレータを折りたたみながらその間に短冊状の極板を挿入して成型する方法，極板とセパレータをいずれも短冊状にして交互に積層する方法など，さまざまな成型方法が実用化されている．

角形Li-ion電池の外装缶には用途および寸法などに応じてアルミ合金またはステンレス合金が用いられる．アルミ合金を使用する場合はニッケルめっき鉄缶を使用する円筒形の場合とは異なり，外装缶側が正極，端子キャップ側が負極である．外装缶にステンレス合金を使用する場合は，一般に電池が大形である場合が多く，この場合は正極および負極端子を外装缶から絶縁して独立に取り出すことが多い．

角形のLi-ion電池は，使用する機器に合わせてカスタム設計されるものが大半であり，したがって寸法や仕様は千差万別である．角形Li-ion電池も，安全性を担保するために電池パックとして販売されている．

図2・18はラミネート外装（パウチ外装）リチウムイオン電池の構造図である．ラミネート外装は，食品のレトルトパックなどに使用される，アルミ箔（はく）をプラスチックフィルムでラミネートした材料を，収納するジェリーロールの形状に合わせて成型し，成型された凹部にジェリーロールを収めた後，上下のアルミ箔（はく）含有ラミネート成型体（シートの場合もある）の端部のプラスチックを溶着して密封した構造である．正極および負極端子もこのプラスチック溶着部を通して取り出される．

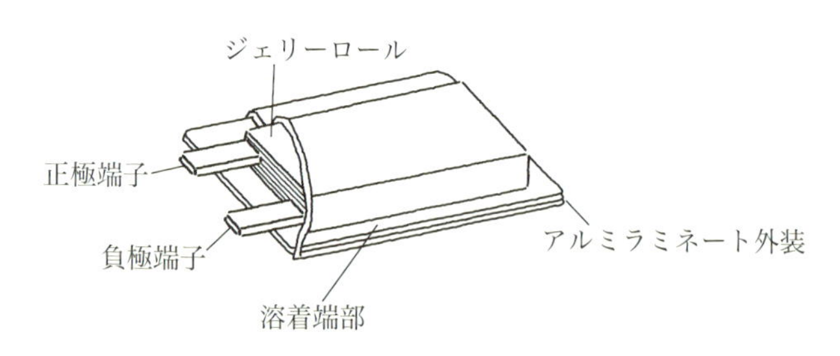

ラミネート外装リチウムイオン電池は，食品のレトルトパックなどに使用されるプラスチックフィルムをラミネートしたアルミ箔（はく）素材を外装材に使用する，簡易外装リチウムイオン電池である．

図2・18　ラミネート外装リチウムイオン電池の構造図

当初は，電解液漏出の懸念が少ないポリマー電池用の簡易外装として実用化されたが，その後の封止性能向上により，現在は電解液を用いたLi-ion電池でも，ラミネートパッケージを採用したものが市販されている（この場合ジェリーロールは角形のジェリーロールと同様の方法で形成される）．

ラミネートパッケージは軽量であること，角形電池缶製造に必要な金属の深絞り加工などの高度な技術が必要でないため，コストの低減が図れることなどの利点があるが，構造上の制約から，PTC端子や電流遮断機構を内蔵することはできず，また機械的なベント機構をつくりこむこともむずかしい．ただ，プラスチックの溶着部自体が，過大な内部圧力によって剝がれる（裂ける）ため，実態的にはこれがベントの役割を担っている．

ラミネートパッケージのLi-ion電池（ポリマー電池を含む）も，すべてカスタム設計品であり，寸法は千差万別である．市販品は安全保護回路を内蔵したパック形状であることも，円筒形や角形のLi-ion電池と同様である．

(iii) リチウムイオン電池の特性

前項でも述べたように，Li-ion電池は正極・負極の活物質および電解液の選択，ならびに電池の構造設計上の工夫などによって，きわめて多様な特性の二次電池を設計，製造することが可能である．これは，ほかの二次電池がおおむね狭い範囲の特性分布であるのと比較するときわめて特徴的である．加えて，Li-ion電池の容量密度やパワー密度がほかの二次電池と比較して格段に優れていること，サイクル寿命も1 000～10 000サイクルときわめて長寿命を実現していることなどを考慮すると，二次電池市場でLi-ion電池のみが急成長を続けていることが納得できる．

本項では，正極活物質および負極活物質の選択の違いによって電池性能がどのように変化するかについて概観したうえで，代表的なLi-ion電池の特性を紹介する．

図2・19は，リチウムイオン電池の正・負極活物質の電位と容量との関係を示す概念図である．これは，表2・4および表2・5に示した代表的な活物質の電位と理論容量密度をグラフ上にプロットした図であるが，容量密度を単位体積当たりで表示したことが前記表とは異なる．

表中の上部，すなわちおおむね4 Vの周辺に位置しているのが正極活物質で，他方0 V近傍に位置しているのが負極活物質である．電池の最大蓄電容量は，正極と負極間の電位差と，正極または負極に蓄えられるリチウムイオンの容量（いずれかの蓄電容量の小さいほうの値によって制限される）とを乗じて得た値となるので，電位差が大き

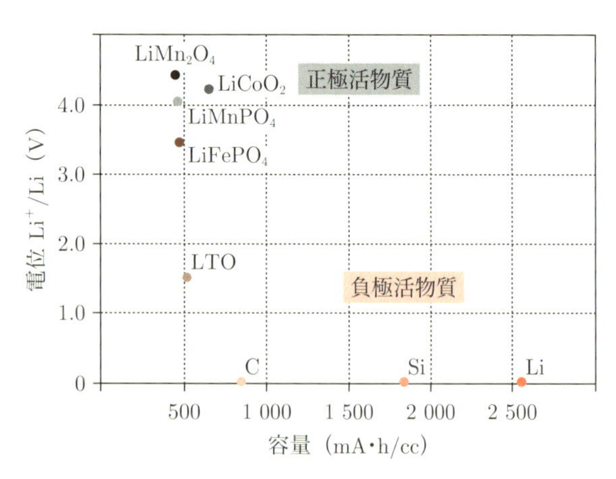

出典：各種資料を基に筆者作成

図2・19　正・負極活物質の電位と容量（概念）

ければ大きいほど，また容量密度が高ければ高いほど，大きな蓄電容量が得られる．

正極活物質の場合は，図から明らかなように，電位の面ではマンガン酸リチウム（$LiMn_2O_4$）が最も高い電位で，次に，コバルト酸リチウム（$LiCoO_2$），りん酸マンガン・リチウム（$LiMnPO_4$）と続き，りん酸鉄リチウム（$LiFePO_4$）が最も低い電位である．他方，容量密度はコバルト酸リチウムが最も高く，次にりん酸マンガン・リチウム，りん酸鉄リチウム，マンガン酸リチウムの順となる．この結果，小形高容量が求められる電池にはコバルト酸リチウムが，他方，急速充電，大電流放電，高安全，長寿命などのタフな性能が求められる電池にはりん酸鉄リチウムやマンガン酸リチウムが正極活物質として採用されている．

負極活物質については，炭素（C），シリコン（Si），金属リチウム（Li）がほぼ0 V近傍の電位に位置しており，この観点からはほぼ理想的な負極活物質である．代表的な炭素系材料であるグラファイトを負極に用いた電池は，ほぼ理論容量に近いところまで蓄電が行われている状態で，今後容量をさらに向上させることはむずかしい．このため理論容量密度の高いシリコンやすず（Sn）などの合金を負極活物質として採用する研究が進んでおり，一部実用化されているが，充電時の電極膨れをいかに低減するかなど，克服すべき課題はまだ多い．金属リチウムは容量密度が高く，究極の負極活物質であるといわれているが，安全性の課題を根本的に解決しなければならないことはすでに述べた．

負極材料として特異な存在であり，近年注目を集めているのがチタン酸リチウム（LTO，$Li_4Ti_5O_{12}$）である．チタン酸リチウムの電位は1.5 V前後でほかの負極活物質と比べるとかなりのギャップがあり，容量密度も劣るものの，結晶構造が非常に強固であるため，正極材料の一つであるりん酸鉄リチウムなどと同様に，車載用，大容量蓄電用などの過酷な条件化で使用する電池用に採用が広がりつつある．

図2・20はリチウムイオン電池の用途別の使用領域を示した概念図である．この図では，Li-ion電池の代表的な特性のうちエネルギー密度（W·h/kg）を横軸に，パワー密度（W/kg）を縦軸にとって，Li-ion電池の代表的な用途である携帯機器用，HEV用，EV用および電力貯蔵用の電池が，どの領域を設計基準としているかを示した．

この図からも明らかに読み取れるように，従来のリチウムイオン電池の独壇場であった携帯機器市場は，軽薄短小をキーワードにした，より軽く小さいなかにいかに多くの容量を蓄えるか，の世界であった．したがって，どれだけエネルギー密度を高めるかが最も重

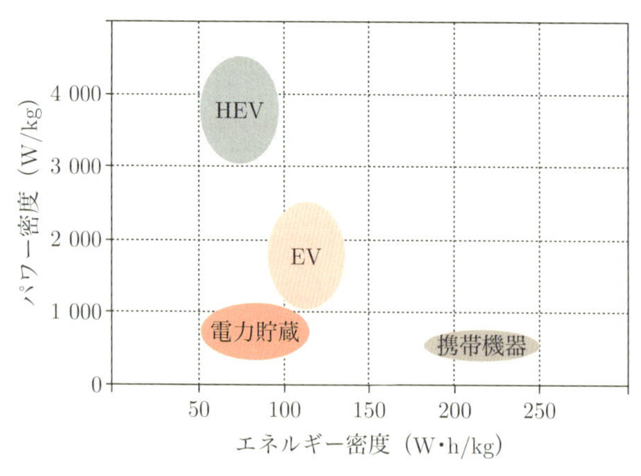

出典：各種資料を基に筆者作成

図2・20　リチウムイオン電池の用途別使用領域概念図

要なターゲットであり，パワー密度はさして重要視されなかった．

これと対極の領域にあるのがHEV市場である．HEVは，通常時はガソリンやディーゼルエンジンなどの内燃機関の出力によって走行し，同時に搭載している動力供給用バッテリーに充電を行っている．そして始動時または低速走行時にこの蓄電された電気エネルギーでモータを駆動して走行するシステムである．したがってHEV用のバッテリーに求められる性能は，さして大きな蓄電容量は求めず，できるだけ小形で，しかし十分な車体駆動エネルギーを取り出せる電池，すなわちパワー密度をひときわ重視した設計の電池が必要となる．HEVの発売当初にNiMH電池がHEV用として採用されたのは，NiMH電池がこのような要求性能をほぼ満足する特性の電池だったからである．近年は，Li-ion電池もパワー密度をNiMH水素電池なみに高めたものが開発され，HEV向けの分野でもLi-ion電池の採用が徐々に進んでいる．

EV用の電池は，航続距離を確保するためにある程度大きな蓄電容量，すなわち高いエネルギー密度が必要であるのと同時に，車としての走行性能を発揮するためには一定水準以上のパワー密度も必要となる，いわば最も電池性能への要求が厳しい領域である．しかも電池システムそのものの重量や占有容積も極力小さく抑える必要がある．このような過酷な性能要求に応えられる電池は現在のところLi-ion電池しか有り得ない．実用性能を備えたEVが市場に登場してから5年が経過し，EVの実働台数も徐々に増加しているが，EVの航続距離の短さや，充電時間の長さなど，使い勝手の改善を望む声は多く，EV用電池の性能向上への挑戦は今後も続くことになろう．

電力貯蔵用電池の領域は，前記3領域と比較すると技術的なハードルはさして高くない．エネルギー密度にしてもパワー密度にしても，Li-ion電池としては十分余裕をもった設計が可能である．むしろ電力貯蔵用電池に求められるものは，10年以上の長期にわたって使用できる長寿命，大容量蓄電をするうえでの安全性の高さ，そして電池そのものを含むシステムコストの大幅低減である．高容量，ハイパワーを追うのとは全く違う方向での，これも大きな技術的チャレンジである．

本項の最後に，Li-ion電池の充放電特性と，充放電制御や安全確保のためにLi-ion電池を使用するうえで必須の安全制御回路（バッテリーマネジメントシステム，BMS）についてまとめておきたい．

Li-ion電池は非常に高性能な電池であるがゆえに，非常にデリケートな電池である．したがって，Li-ion電池の使用にあたっては細心の注意を払う必要があるが，なかでも充放電の制御には必ず守るべき留意点がある．それは，過充電，過放電を絶対に避けられる充放電制御を行うこと，および充電電流を材料系が許容する最大電流値未満に抑えることである．

次に，代表的な円筒形Li-ion電池の一つ，パナソニック製NCR18650のカタログデータを用いて，具体的に話を進めたい．

表2・6はパナソニック製NCR18650の仕様抜粋である．

NCR18650（NCRはパナソニックの独自呼称）は，ノートPC向けなどに使用される高容量型の円筒形Li-ion電池である．

Li-ion電池の充電は，通常定電流定電圧（CC-CV，所定の電圧まで定電流充電を行った後，定電圧充電に切り換わる）方式で行われる場合が多く，パナソニックもこの充電方法を推奨している．推奨充電電流は定格電流（1 C）の70 %にあたる0.7 C（1 925 mA），推奨充電電圧は4.20 Vで，満充電までに3時間を要する．

図2・21は，NCR18650の充電特性を示すグラフである．

表2・6 円筒形リチウムイオン電池の仕様例（パナソニック製NCR18650）

定格容量	2 700 mA·h
公称電圧	3.6 V
充電方法	CC-CV，標準：1 925 mA，4.20 V，3時間
寸法	ϕ 18.5 × 65.3 mm
重量	46.5 g
使用温度範囲	充電：0～+45 °C 放電：−20～+60 °C 保存：−20～+50 °C
エネルギー密度	体積エネルギー密度：577 W·h/L 重量エネルギー密度：214 W·h/kg

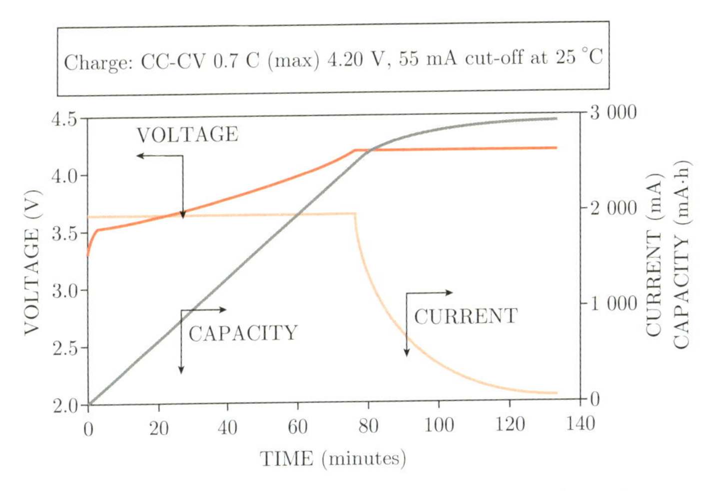

充電は当初0.7 Cの定電流で行われ，電圧が所定の電圧に到達すると定電圧充電に切り替わり，電流値をモニタしながら満充電状態まで充電が行われる．

図2・21 リチウムイオン電池の充電特性例（パナソニック：NCR18650）

このグラフによると，充電電流0.7 Cの充電は，ほぼ80分間継続され，電池電圧が4.20 Vに到達する．この後定電圧充電に移行し，充電電流が急速に低減する一方，容量の増加速度が漸減していることがわかる．充電は，充電電流が55 mAまで低下するか，または充電時間が3時間を経過したときに停止される．グラフからは充電開始からほぼ2時間（120分）経過すると，ほぼ満充電状態であることが読み取れる．このような充電制御を行うことによって，過充電を防止することができる．

図2・22は，NCR18650の放電レート特性を示すグラフである．放電レートが高い（大電流放電）と，放電レートが低い（低電流放電）場合と比較して，放電時の平均電圧は低くなるが，放電容量はほとん

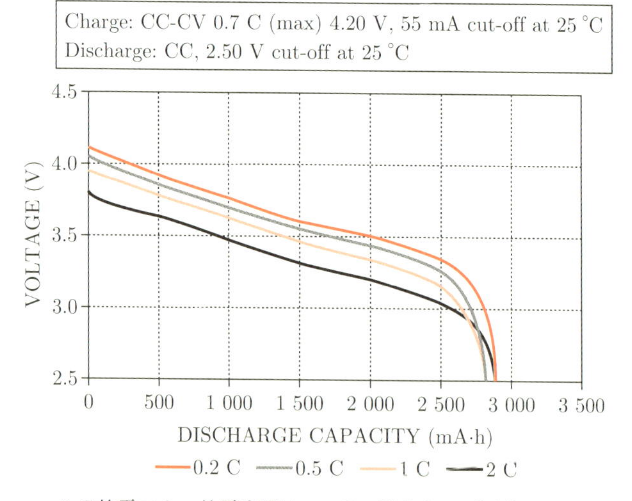

図2・22　リチウムイオン電池の放電特性例（レート特性）
（パナソニック：NCR18650）

ど遜色がないことがわかる.

図2・23もNCR18650の放電特性の，周囲温度依存性を示す図である．−20 °Cの低温環境においては，放電初期の電圧がかなり低いが，放電を続けると電池温度が上昇するため放電カーブも安定する．−20 °Cの場合の放電容量は常温（25 °C）での放電容量の85 %程度である.

図2・24は，NCR18650のサイクル特性を示す．この図は，常温環境下で，CC-CV，0.7 C，4.2 V，55 mAカットの標準方式で充電した後，1 Cの定電流放電を行い2.5 Vでカットする，標準的な充放電サイクルを繰り返した場合の放電容量の推移をプロットした

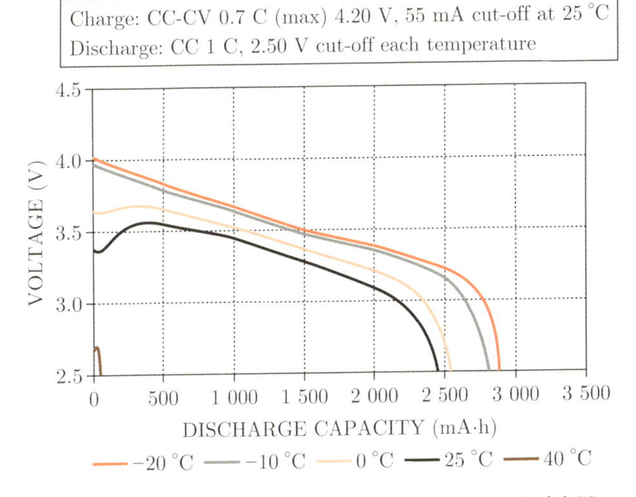

周囲温度が−20 °Cの場合，放電容量は常温時の放電容量の85 %程度である.

図2・23 リチウムイオン電池の放電特性例（温度特性）（パナソニック：NCR18650）

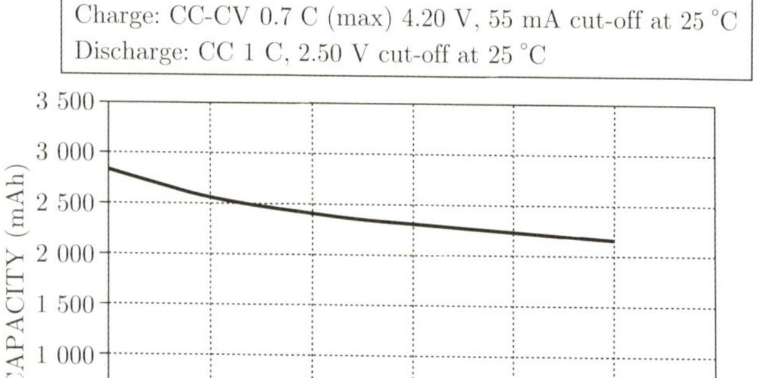

NCR18650の例では，標準充放電サイクルを500サイクル繰り返した際の放電容量は，初期放電容量の80％弱程度である．

図2・24　リチウムイオン電池のサイクル特性例（パナソニック：NCR18650）

ものである．このデータでは，500サイクル経過時点で初期放電容量の80％弱の値となっている．

Li-ion電池を使用するうえでは安全保護回路が必須であり，一般的にはLi-ion電池と安全保護回路とを一体にしたLi-ion電池パックとして販売されている．1個（単セル）のLi-ion電池を使用する場合の，最も簡易で標準的な安全保護回路を備えた電池パックのブロック図例を図2・25に示す．

コントロールICは，セルの電圧をモニタして，過充電または過放電の検知電圧を超えた場合にコントロールスイッチ（一般にTFTスイッチが使用される）を作動させて電流を遮断する．温度ヒューズはコントロールスイッチの温度が過大電流などで異常に上昇した際に

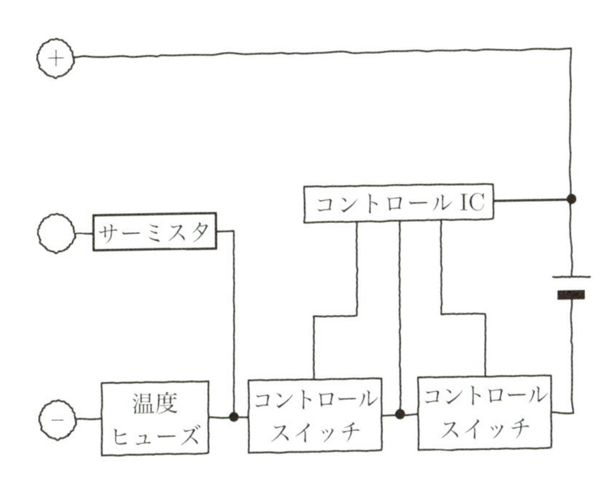

電池パックは，リチウムイオン電池，コントロールIC，過充電および過放電防止用の2個のコントロールスイッチ，およびサーミスタなどで構成される．

図2・25 リチウムイオン電池パックのブロック図例（1個の電池を使用する電池パック）

電流を遮断する．また，サーミスタは電池温度を測定し，充電器または電池パックを使用する機器側のさまざまな制御機能を動作させるための情報を提供する．

これまでに述べてきたように，Li-ion電池は電池セルそのものに施される各種の安全上の工夫に加えて，電池パックに内蔵された安全保護回路，さらには使用する機器または充電器側でのさまざまな充放電制御機能などによって，二重三重の安全対策が施されている．

電池セルおよび電池パックの出荷時の検査も厳正に行われており，近年はLi-ion電池を原因とする市場での発火事故はほぼ皆無となってきた．

表2・7に，出荷検査項目の一例として，世界的な安全審査機関であるULが規定する，電池の安全性試験に関するUL1642の，試験

表2・7 リチウムイオン電池の安全性試験の例（UL1642）

試験項目		試験条件	要件
電気	短絡	完全充電電池を，室温および60 °Cで，0.1 mΩ未満の銅線で短絡	発火，破裂がないこと，ケース温度が150 °Cを超えないこと
	過充電	完全放電済み電池を3 Cの電流で7時間または（2.5 × 定格容量）/C時間（長いほう）充電する	発火，破裂がないこと
	強制放電	完全放電電池と新しい電池とを直列に接続した後短絡	発火，破裂がないこと
機械	圧壊	完全充電電池を平板で圧壊	発火，破裂，漏液，弁作動がないこと
	打撃	完全充電電池上にφ15.9の丸棒を置き，610 mmの高さから9.1 kgのおもりを落下させる	発火，破裂，漏液，弁作動がないこと
	衝撃	完全充電電池に，1.25～1.75 Gの衝撃を，3方向から各3回印加	発火，破裂，漏液，弁作動がないこと
	振動	完全充電電池に，±0.8 mm，10～55 Hzの振動を90～100分印加	発火，破裂，漏液，弁作動がないこと
環境	加熱	完全充電電池を，室温から5 °C/分の昇温速度で150 °Cまで加熱した後10分間維持	発火，破裂がないこと
	温度サイクル	完全充電電池を，所定の温度サイクル10サイクル実施した後，7日間放置	発火，破裂，漏液，弁作動がないこと
	高度/低圧	完全充電電池を20 °Cの真空チャンバー内に収め，1.68 psi（約11.6 kPa）の圧力下で6時間保管	発火，破裂，漏液，弁作動がないこと
特殊	引火性微粒子	金網上に完全充電電池を置き，試料先端0.91 mに綿布を配置し，バーナで電池が破裂または破壊されるまで過熱する	綿布が着火しないこと
	放射	完全充電電池を，金網の8方体の籠（610 W × 305 H）内に置き，電池をバーナで加熱して破裂させる	電池の破片が金網を突き抜けないこと

項目，試験条件および合格要件の抜粋を示す．

(iv) リチウムイオン電池の用途

Li-ion電池の用途はきわめて多様である．詳しくは次章で述べるが，ほとんどすべての携帯機器でLi-ion電池がほぼ独占的に使用されているほかに，多くのコードレス家電機器，電動工具，電動アシスト自転車，ハイブリッド自動車（HEV）やハイブリッド重機などへのLi-ion電池採用例も増えつつある．また，EVは基本的にはLi-ion電池の独壇場といえる．

今後の伸びが期待できる市場は大電力貯蔵分野で，再生可能エネルギー発電の電力貯蔵，系統電力の需給調整および電力品質安定化，電車などの交通システムのエネルギー効率化，地域やビルの省エネルギー化などの実証試験や実用化が鋭意進められている．

2.7 その他の二次電池

(i) ナトリウム硫黄（NaS）電池

ナトリウム硫黄（NaS）電池は，負極活物質として金属ナトリウム（Na），正極活物質として硫黄（S）粉末を用い，これを300 °C以上まで加熱して，金属ナトリウムおよび硫黄を溶融状態に保つことにより，ナトリウムイオンの移動が可能な状態にして充放電反応を行わせる高温型の電池である．正極と負極との間はセラミックス材料であるベータアルミナ円筒缶で隔離されているが，このベータアルミナは電解質の役割とセパレータ機能とを併せもつ．

NaS電池の放電反応は次式で表される．

$$負極：2Na \rightarrow 2Na^{+} + 2e^{-}$$

$$正極：S_x + 2e^{-} \rightarrow S_x^{2-}$$

$$全体：2Na + S_x \rightarrow Na_2S_x$$

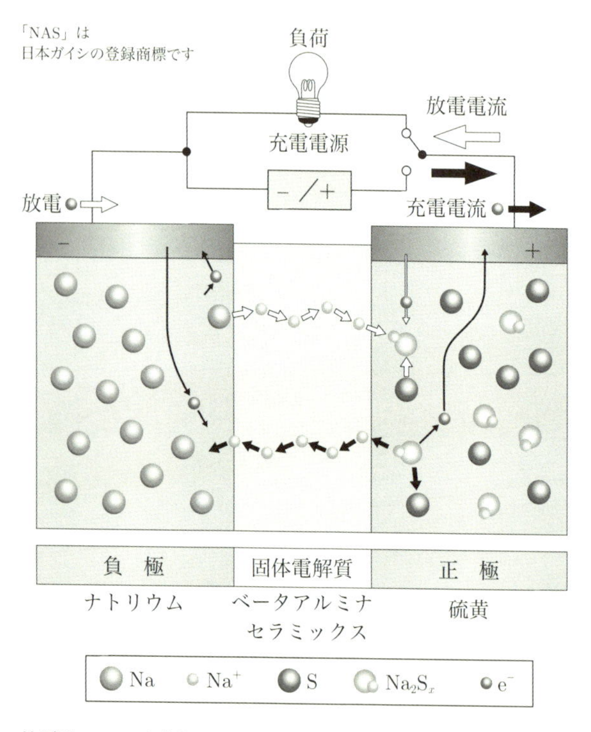

放電時には，負極側の金属ナトリウムがナトリウムイオンとなり，このナトリウムイオンがベータアルミナ電解質層を通過して正極側に移り，正極側で硫黄と反応して多硫化ナトリウム（Na_2S_x）を形成する．

〔出典〕 http://www.ngk.co.jp/product/nas/about/principle.html

図2・26　NAS電池の動作原理図

充電反応式はこの逆となる．

放電時には，負極側の金属ナトリウムが1個の電子を放出してナトリウムイオンとなり，このナトリウムイオンがベータアルミナ電解質層を通過して正極側に移り，正極側で硫黄と反応して（2個の電子を受け取って）多硫化ナトリウム（Na_2S_x）という液体状の化合物となる．したがって，放電が進むとともに負極側の液状金属ナトリウムは徐々に減少（液面が低下）し，正極側では液状硫黄と液状多硫化ナトリウムの混合液の液量が増加（液面が上昇）する現象が起こる．

図2・26はNaS電池の動作原理図である．また，図2・27は，NaS電池の単電池，組電池（モジュール），および電池システムの写真である．

NaS電池は，理論エネルギー密度が高い（760 W·h/kg），電池反応に伴う副反応がなく充電効率が高い，自己放電がないなどのさまざまな利点がある優れた電池の一つである．加えて，レアメタルなどの高価な材料が必要なく，ナトリウムや硫黄の資源埋蔵量はきわめて豊富であるため，コスト的にも優位である．ただ，高温を維持す

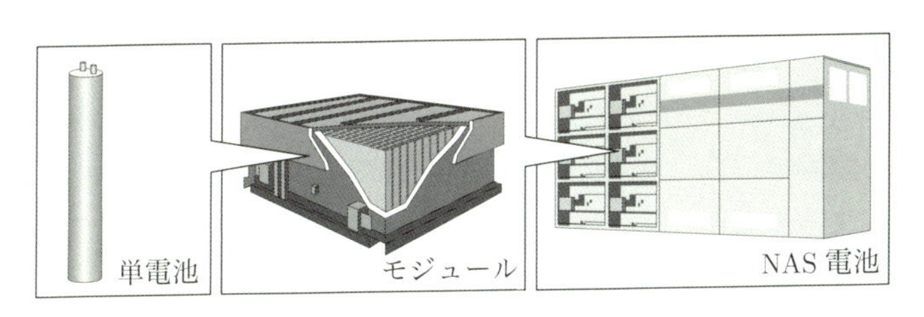

NAS電池の標準システムは，定格電力1 200 kW，定格容量8 640 kW·hで，600 kW単位での増設が可能である．
〔出典〕 http://www.ngk.co.jp/product/nas/about/principle.html

図2・27 NAS電池（単電池，モジュール，NAS電池システム）

る必要があるため保温用の外部電源が必要なことからシステムが大形となり重量もかなりかさむため，可搬型のアプリケーションには向かないという難点がある．

NaS電池のメーカは全世界で日本ガイシ1社ではあるが，他の電池との価格競争の中で将来的なコスト低減も期待でき，大容量蓄電分野の主要な担い手の一つであることは疑問の余地がない．

(ii)　レドックスフロー電池

レドックスフロー電池は，イオンの酸化還元反応（Reduction-Oxidation Reaction）を溶液のポンプ循環によって進行させる流動（Flaw）型の電池で，この英語の一部をとってレドックスフロー電池と呼ばれている．

この電池システムは住友電気工業で開発・実用化が進められている大容量蓄電システムで，NaS電池と同様に，今後この分野のもう一つの大きな担い手となることが期待されている．

住友電気工業が開発したレドックスフロー電池は活物質としてバナジウム（V）を使用しており，充電時の正極および負極での反応は次式で示される（放電はこの逆反応である）．

負極：V^{3+}（3価）＋ e^-　→　V^{2+}（2価）

正極：VO^{2+}（4価）＋ H_2O　→　VO^{2+}（5価）＋ $2H^+$ ＋ e^-

このように負極および正極で，バナジウムの価数変化を伴う電池反応が起こり，隔膜を通ってプロトンが移動して，充放電が行われる．

図2・28は，レドックスフロー電池の概略構成図である．単セルのシステムは，電池反応が行われる流通型電解セルを挟んで，正極側および負極側の活物質溶液（電解液）を貯蔵するタンクが設けられ，

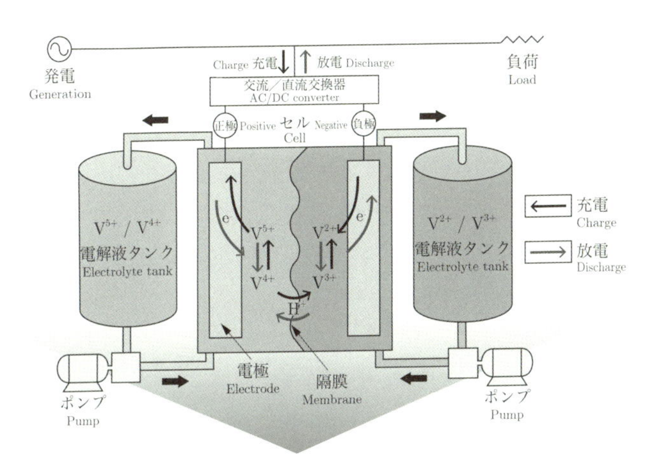

レドックスフロー電池システムは，電池反応が行われる電解セル，正極側と負極側の電解液タンク，および電解セルとタンクとの間の電解液循環システムで構成される．

〔出典〕 SEIテクニカルレビュー，第182号，pp.10-17，「再生可能エネルギー安定化用レドックスフロー電池」，2013年1月

図2・28　レドックスフロー電池の概略構成

この正極および負極側のタンクと電解セルとの間を電解液が循環する構造である．電解セルの正極側と負極側は隔膜で隔てられ，充電時または放電時にはこの隔膜を通ってプロトンが移動してバナジウムの価数変化すなわち酸化還元反応が進行する．

このバナジウムを用いたレドックスフロー電池では，電池反応が正極，負極ともに価数変化であり，固相反応を伴わない可逆反応である．深い放電や不規則な充放電などの過酷な使用条件下でも電解液はほとんど劣化せず耐用年数が長く（10年以上），またサイクル寿命も10 000回以上と長い．電解液が不燃性であるため安全性も高い．

特性的には，公称電圧が1.4 V，重量エネルギー密度は10～20 W·h/kg，体積エネルギー密度は15～25 W·h/L，充放電効率は約75 %と，ほかの二次電池と比較するとやや物足りない感があり，結果としてシステムがかなり大形化するというデメリットがあるが，定置用大形蓄電システムとしてはさして支障はないであろう．電圧はセルをスタック化することによって，1.4 Vの倍数の任意の電圧とすることが可能である．

(iii)　蓄電用各種キャパシタ

各種二次電池と同様に，電気を蓄える機能を備えたデバイスとしてはキャパシタ（コンデンサ，蓄電器などの呼称もある）がある．

キャパシタは，原理的には二次電池のような化学反応によって充放電を行うデバイスとは異なり，誘電体を挟んで対向する極板に，外部から直流の電気を印加して，物理作用によってプラスとマイナスの電荷を帯電させることによって誘電体の両端に電気エネルギーが静電気として蓄えられる（ただし，後述するリチウムイオンキャパシタなどのように，誘電体の蓄電作用のみに依存するのではなく，電池反応と組み合わせて蓄電容量を高める試みがなされており，これらの新しいデバイスも，便宜上キャパシタとして扱われている）．

なお，キャパシタに蓄えられる静電容量の単位はファラド（F）である．静電気が蓄えられた両極板間を外部で結線すると，プラスに帯電した側からマイナスに帯電した側に電流が流れる（すなわち放電する）．

キャパシタの充放電は，このように化学反応を伴わないため副反応はほぼないといってよく，可逆性に富み，反応速度もきわめて速い．ただ，キャパシタに蓄えられる静電容量は，使用される誘電体の誘電率と対向する電極の平面積に比例し，電極間距離に反比例する値であり，これらの容量決定要因の物理的な制約から，電池の蓄電容量と比較すると通常数桁程度低い．

表2・8は，蓄電用途に使用される電気二重層キャパシタとリチウムイオンキャパシタの特性とをリチウムイオン電池の特性と比較した表である．この表で明らかなように，キャパシタのエネルギー密度はリチウムイオン電池と比較して1～2桁低いが，パワー密度は同等またはリチウムイオン電池のパワー密度を上回っていることがわかる．また，これらのキャパシタのサイクル寿命は100 000回以上と非常に長い．したがって，これらの大容量キャパシタは，大電流を短時間内に多数サイクル充放電するような用途に使用するのが最適なデバイスである．

大容量キャパシタの代表例として，図2・29に電気二重層キャパシタの動作原理を，図2・30にリチウムイオンキャパシタの動作原理を示す．

電気二重層キャパシタは，電解液と電極との界面において，電解

表2・8　各種大容量キャパシタの特性

特性	電気二重層キャパシタ	リチウムイオンキャパシタ	リチウムイオン電池
定格電圧（V）	1.2/2.7	3.6	3.6
静電容量（F/cm^3）	10	50	−
エネルギー密度（W·h/kg） （W·h/L）	5 10	25 40	100～250 280～500
パワー密度（W/kg） （W/L）	2 000 3 000	3 000 5 000	300～5 000 500～8 000
サイクル寿命（回）	> 100 000	> 100 000	> 1 000
自己放電（%/日）	0.01	0.1	0.01

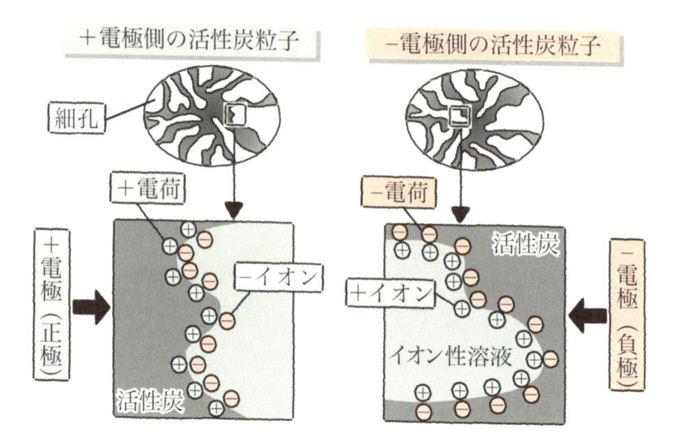

図2・29　電気二重層キャパシタの動作原理

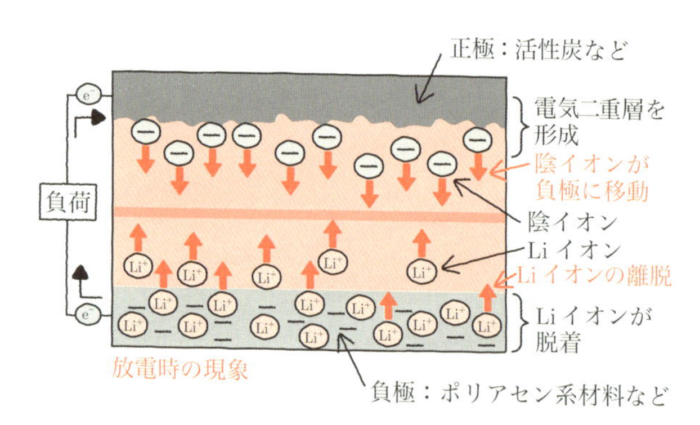

図2・30　リチウムイオンキャパシタの動作原理

液中のイオンおよび電極中の電荷担体（電子：負の電荷担体またはホール：正の電荷担体）が互いに引き合いながら整列する現象（電気二重層）を利用して蓄電を行う．この二重層内のわずかな隔たりが誘電体として機能し，距離はナノオーダーであるため，キャパシタとしては非常に大きな静電容量が得られる．電気二重層キャパシタの電極としては，比表面積が非常に大きい活性炭を使用する場合が多く，電解液は水系または非水系のいずれかが使用される．電解液の分解を避けるため，水系電解液の場合の定格電圧は約1 V，非水系電解液の場合の定格電圧は約3 Vである．

リチウムイオンキャパシタは，正極は電気二重層キャパシタの構造を採用しながら，負極に炭素やポリアセンなどのリチウムイオンを吸蔵することが可能な材料を使用し，製造工程中でこの負極材料中にリチウムイオンを吸蔵させて，エネルギー密度を高めたキャパシタである．すなわち，正極側は電気二重層としての反応を，負極側はリチウムイオン電池としての反応を行うことがこのキャパシタの特徴である．

リチウムイオンキャパシタは，電気二重層キャパシタと比較すると，製造工程が複雑になるが，定格電圧はリチウムイオン電池と同じ3.6 Vであり，エネルギー密度やパワー密度は一般的な電気二重層キャパシタと比較してほぼ5倍の値が得られるなど，特性的には多くのメリットがある．

2.8　二次電池の未来像

これまで述べてきたように，各種の二次電池は優れた特性を備え，多様な分野で活用がなされている．なかでも，リチウムイオン電池は最も高いエネルギー密度を実現し，その他の諸特性もバランスがとれており，現時点では最も優れた二次電池であるといっても過言ではない．しかし，これで十分満足できるかとなると残念ながら肯定はできない．二次電池の特性，寿命，安全性，および価格について，アプリケーション側からの要望ターゲットは非常に高く，これの実現には研究開発，製造の両面からの多角的な，不断の努力が必要である．

図2・31および図2・32は新エネルギー・産業技術総合開発機構（NEDO）が2013年に策定した，自動車用二次電池ロードマップおよび定置用二次電池ロードマップである．今後の急成長が期待される，二次電池にとっては最も重要なこの2分野について，年次ごとの具体的なターゲットが記載されている．詳細についてお知りになりたい読者は，原典「NEDO二次電池技術開発ロードマップ2013」をご参照いただきたい．

図2・33は，これらの二次電池の現状と将来への諸課題を前提とした，次世代電池の開発動向を概念的にまとめた図である．

この図では，一例としてエネルギー密度の開発ターゲットを縦軸にとり，実現期待年次を横軸に示したが，ほかの特性項目，安全性，寿命，価格などについても，上記NEDOのロードマップに記載されているとおり，開発ターゲットと実現期待年次をグラフ化することができる．

図に示した，エネルギー密度向上を開発ターゲットとした場合には，これまで先頭を走ってきたリチウムイオン電池のエネルギー密度向上がほぼ限界に近づいており，新たな高性能電池の登場が期待されていることが読み取れる．候補としては，ポストリチウムイオン電池やナトリウム（Na）イオン電池など，Li-ion電池の延長線上に位置すると考えられる電池，多カチオン電池，全固体電池，さらにはリチウム硫黄（Li-S）電池やリチウム（Li）空気電池などの新たな正・負極材料の選択による新コンセプトの電池などがあり，これらの商品化実現に向けて，多くの企業や研究機関が開発努力を続けている．

10年後，15年後に，どの電池が世の中に登場し，脚光を浴びてい

（BMU 等を含むパックでの表記）

二次電池の用途	現在（2012 年度末時点）	2020 年頃	2030 年頃	2030 年以降
出力密度重視型二次電池	エネルギー密度：30~50 W·h/kg，出力密度：1 400~2 000 W/kg コスト：約 10~15 万円/kW·h	200 W·h/kg，2 500 W/kg 約 2 万円/kW·h		
	カレンダー寿命：5~10 年，サイクル寿命：2 000~4 000	10~15 年，4 000~6 000		
LIB 搭載 HEV 用	普及初期		普及期	
PHEV 用	普及初期		普及期	
PHEV の諸元（EV 走行で電池利用率 60 %とした場合）	走行距離：25~60 km 搭載パック重量：約 100~180 kg 搭載パック容量：5~12 kW·h 電池コスト：50 万円	60 km 50 kg 10 kW·h 20 万円		
エネルギー密度重視型二次電池	エネルギー密度：60~100 W·h/kg，出力密度：330~600 W/kg コスト：約 7~10 万円/kW·h	250 W·h/kg，~1 500 W/kg 約 2 万円/kW·h 以下	500 W·h/kg，~1 500 W/kg 約 1 万円/kW·h	700 W·h/kg，~1 500 W/kg 約 5 千円/kW·h
	カレンダー寿命：5~10 年，サイクル寿命：500~1 000	10~15 年，1 000~1 500	10~15 年，1 000~1 500	10~15 年，1 000~1 500
EV 用	普及初期		普及期	
本格的 EV をめざした車両の諸元（電池利用率 100 %とした場合）	走行距離：120~200 km 搭載パック重量：200~300 kg 搭載パック容量：16~24 kW·h 電池コスト，車両コスト：110~240 万円程度，260~376 万円	250~350 km 100~140 kg 25~35 kW·h 50~80 万円，200~230 万円	500 km 程度 80 kg 40 kW·h 40 万円，190 万円	700 km 程度 80 kg 56 kW·h 28 万円，180 万円

二次電池の課題	現行 LIB	先進 LIB	ブレークスルーが必要	革新電池
課題となる要素技術：正　極	スピネル Mn 系 他	高容量化・高電位化 等		金属 - 空気電池（Al，Li，Zn 等） 金属負極電池（Al，Ca，Mg 等）等
課題となる要素技術：電解液	炭酸エステル系混合溶媒 他	難燃性・高耐電圧性 等		
課題となる要素技術：負　極	炭素系	高容量化 等		
課題となる要素技術：セパレータ	微多孔膜	複合化，高次構造化・高出力対応 等		
課題となる要素技術：電池化技術	新電池材料組合せ技術 / 電極作製技術 / 固ー液・固ー固界面形成技術 等			
長期的基礎・基盤技術の強化	界面の反応メカニズム・物質移動現象の解明，劣化メカニズムの解明，熱的安定性の解明，「その場観察」技術・電極表面分析技術の開発，等			
その他課題	システムとしての安全性・耐環境性の向上，V2H/V2G，中古利用・二次利用，リサイクル，標準化，残存性能の把握，充電技術 等			

自動車用二次電池の課題としては，主にリチウムイオン電池をベースとした材料系の改善課題および電池化技術上の課題が提起されている．

図 2・31　自動車用二次電池ロードマップ

（PCSを含む電池システムでの表記）

二次電池の用途		現在（2012年度末時点）	2020年頃	2030年頃
系統用	長周期変動調整用二次電池	寿命10~15年 5-10万円/kW·h	寿命20年 2.3万円/kW·h	寿命20年 導入に向けて，更なる低コスト化を期待
		社会実証	導入初期	本格導入期
	短周期変動調整用二次電池 @20分間放電程度	寿命10~15年 20万円/kW	寿命20年 8.5万円/kW	寿命20年 導入に向けて，更なる低コスト化を期待
		社会実証	導入初期	本格導入期
需要家用	中規模グリッド・工場・ビル・集合住宅用二次電池（CEMS，FEMS，BEMS用(注)電池）	寿命10~15年 5-60万円/kW·h	寿命15年 普及に向けて，更なる低コスト化を期待	寿命20年
		社会実証	普及初期	普及期
	緊急時，災害対策用	普及初期	（CEMS，FEMS，BEMS(注)用途に統合）	
	家庭用二次電池（HEMS用(注)電池）	寿命5~10年 10~25万円/kW·h	寿命15年 普及に向けて，更なる低コスト化を期待	寿命20年
		普及初期		普及期
	緊急時，災害対策用	普及初期	（HEMS(注)用途に統合）	
	無線基地局・データセンターバックアップ電源用二次電池	寿命10年 20~40万円/kW·h	寿命15年 普及に向けて，更なる低コスト化を期待	寿命20年
		普及初期		普及期

（注）CEMS=Community Energy Management System，FEMS=Factory Energy Management System，BEMS=Building Energy Management System，HEMS=Home Energy Management System

二次電池の課題		※数値は現状値で，システムでの値
電池系の特徴と課題	リチウムイオン電池	200 W·h/L，80 W·h/kg，100 W/kg コスト低減，安全性向上，温度特性改善，過充電耐性付与，リサイクル技術確立
	鉛蓄電池	40 W·h/L，10 W·h/kg，30 W/kg 充放電効率向上，サイクル劣化抑制，低SOC状態での劣化抑制，集電体腐食抑制，メンテナンス性向上
	NiMH電池	84 W·h/L，20 W·h/kg，100 W/kg コスト低減，充放電効率向上，自己放電抑制，温度特性改善，レアアースレス
	NAS電池	160 W·h/L 安全性向上，コスト低減，エネルギー効率向上（保温エネルギー低減），リサイクル技術の確立
	レドックスフロー電池	8.5 W·h/L 環境適合性向上，コスト低減，耐久性向上，エネルギー密度向上，補機用エネルギー低減，資源制約緩和，メンテナンス性向上，エネルギー効率向上
	革新電池	基礎科学の追求（革新電池新概念検討，計算科学及び高度解析技術を活用した劣化メカニズム等現象解析 等），セル，モジュール化技術，セル，モジュール・システムでの安全性確立等 → ブレークスルーが必要 → 安全性向上，レアメタル不使用 等
共通課題		PCSコスト低減，長時間バックアップ（24時間以上），V2H/V2G，二次利用，残存性能把握，リサイクル，標準化，等

定置用二次電池の課題は，リチウムイオン電池，鉛蓄電池，ニッケル水素電池，NaS電池，およびレドックスフロー電池のそれぞれについての課題提起，ならびにこれらを超える革新電池への期待が提起されている．

図2・32　定置用二次電池ロードマップ

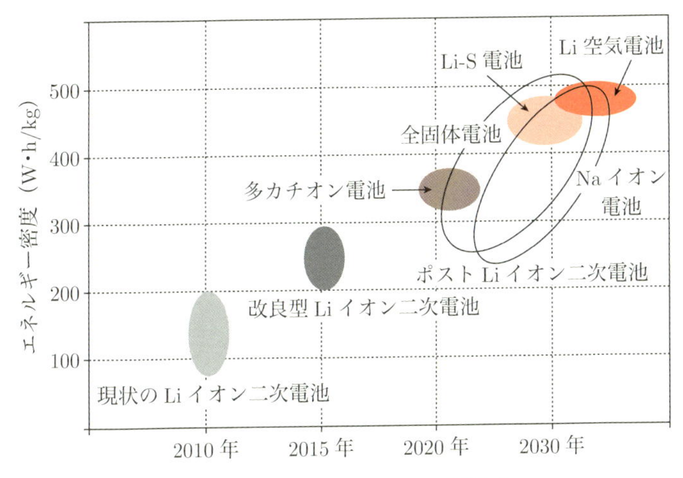

図2・33　次世代電池の開発動向

るのか，現時点ではまだ予測はむずかしいが，それがどの電池であるにせよ，二次電池の世界が不断の技術革新，市場成長を続けていくであろうことに疑いはない．そしてこの二次電池の技術革新が，人類のさまざまな夢の実現のための基盤となり続けるであろうことも，疑う余地はない．

一日も早く，二次電池の輝かしい未来が開けることを期待したい．

3 二次電池の応用

3.1 携帯機器用に役立つ二次電池

20～30年前に，ノートPCや携帯電話などが市場に登場して以来，ヘッドホンステレオやiPodなどの携帯オーディオプレーヤ，ディジタルカメラやディジタルビデオカメラ，携帯電話の発展形であるスマホやノートPCの発展形であるタブレット端末，携帯ゲーム機器などのさまざまな携帯型電子機器が次々と開発され，急速に普及した．最近では，アップルウォッチなどに代表される超小形のウェアラブル端末が各社から発売され，今後大きな市場を形成するであろうことが期待されている．さらに，業務用の分野でも，宅配便業者やJRなどの鉄道乗務員などが，プリンタ機能を搭載した携帯型発券機を自在に使いこなす様子を頻繁に目にするようになっている．

このような携帯型電子機器の急速な普及を支えた最も重要なデバイスが二次電池であるといっても過言ではない．なかでも1991年のリチウムイオン電池の発売と，その後の容量をはじめとする各種特性の向上，安全性の強化，寿命の延長，そしてコスト低減などが，携帯型電子機器設計者の新機器設計への夢を膨らませ，新たなコンセプトの電子機器の創出，およびこれら電子機器の軽薄短小化に大きく貢献してきた．このため，リチウムイオン電池は携帯型電子機器の急速な普及に伴って，これら電子機器の生産量増大を上回る速度で増産が進んだ．

図3・1は二次電池を採用したさまざまな携帯型電子機器の例である．

これらの携帯型電子機器に使用されている二次電池の大半は，前述のとおりLi-ion電池であり，かつまた，ノートPCや業務用機器など特に大容量が必要な機器以外は，角形Li-ion電池（ポリマー電池やラミネート外装形電池を含む）を，単セル電池パックとして使用する場合が多い．

図3・2に，このような単セル電池パックの一例として，スマホ用の電池パックのイメージ図を掲載する．これらのパックには，第2章で述べたように，電池セルとともに電池の充放電制御回路，保護回路が組み込まれて，電池パック全体としての安全性が担保されている．

これら単セル電池パックの容量は，当然それぞれの携帯型電子機器が必要とする容量のものが採用されているが，ウェアラブル端末などでは数百ミリアンペアアワー，携帯電話やスマホおよびディジタルカメラ用は1～2 A·h，タブレット端末などでは2～3 A·h前後

図3・1　二次電池を使用するさまざまな携帯型電子機器

図3・2　スマホ用単セル電池パックの一例

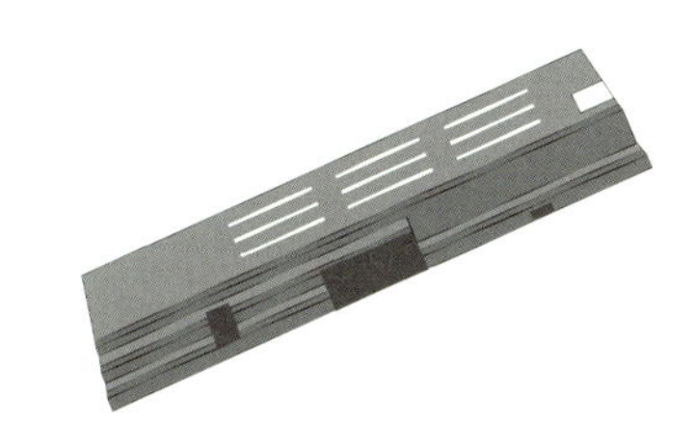

図3・3　ノートPC用電池パックの一例

の容量が選択されることが多い．

ノートPCや，プリンタ機能を搭載した業務用端末などの場合は，必要とされる電圧，容量が前記単セル電池パックよりもかなり大きいため，円筒形セルを複数個，直・並列に接続して使用するケースが多い．一般的なノートPCの場合は，18650円筒形セルの3直2パラ（3セルを直列に接続し，これを2組並列に接続，3S2Pなどと表記する）または4直2パラ（4S2P）が多いが，軽量タイプのノートPCでは，ポリマー電池（ラミネート外装電池を含む）を複数個組電池としてパック化するケースも増えてきた．図3・3はノートPC用電池パックの一例である．

3.2　動力用に役立つ二次電池

これまで二次電池市場をけん引する役割を担ってきたもう一方の

旗頭は，動力用の二次電池である．

そして，代表格が車載用バッテリーとして広く普及している鉛蓄電池であろう．第2章で述べたように，車載用鉛蓄電池は現在でも全二次電池市場の3割近くを占める，重要な二次電池であり，成長率は決して高くはないと推定されるものの，今後も堅調にその役割を担っていくであろうことは疑いない．

コードレス電動工具やコードレス電気掃除機などの，モータを内蔵した機器用には当初NiCd電池が多く採用された．急速充電や，大電流放電などのタフな使用に耐える二次電池として，NiCd電池が最も適していたからである．その後，NiCd電池が次第にNiMH電池に置き換えられた．現在では，電動工具の一部にLi-ion電池への置換えの動きがあるものの，これらの用途で使用される二次電池の大半はNiMH電池である．

電動アシスト自転車は，世界的にはほとんど普及が進んでいない，日本特有の軽車両である．この用途では，やはり急速充電や，大電流放電特性が重要視されるため，当初はNiMH電池を採用するケースが大半であったが，車両の軽量化の要請に加えて，Li-ion電池の急速充電，大電流放電特性の改良および低コスト化によって，現在ではほぼすべての電動アシスト自転車にLi-ion電池が採用されている．なお，中国などの発展途上国で普及している電動自転車には，主にコスト上の理由で，鉛蓄電池を搭載しているものが多い．

このほかに，ゴルフ場の電動カート，工場や倉庫などの屋内用搬送カート，電動車いすなどには，機器の設計コンセプトおよび許容する価格などの事情に応じて，鉛蓄電池，NiCd電池，またはNiMH電池のいずれかが採用されている．電動オートバイなど，走行性能が重視される軽車両の場合は，Li-ion電池を採用することが多い．

〔出典〕 電動アシスト自転車総合カタログNo.2，パナソニックサイクルテック，2015

図3・4　電動アシスト自転車の例

3.3　補助電源として役立つ二次電池

補助電源は，災害やその他なんらかの原因によって発生する停電などに対して，応急的にかつ迅速に障害に対処することを目的に設けられる場合が多い．公共施設，工場および商業施設などの大規模な施設においては，非常時の対応のために，コジェネレーション（コジェネとも呼ばれる）などの本格的な発電システムが設けられている．

しかし，オフィスなどの小規模施設においては，無停電電源装置（UPS：Uninterruptible Power Supply）と呼ばれる装置を設けて，サーバやパソコンなどのIT機器の動作を瞬断などの電源障害から保護するのが一般的である．このUPSは，二次電池と制御回路によって構成され，定常時に二次電池を満充電状態で維持し，商用電源に障害が発生すると瞬時にUPSに蓄えられた電力供給に切り換えて，支障なくIT機器などの動作状態を維持させる仕組みになっている．UPSはさまざまな容量の機種が用意されているため，ユーザの状況に応じて最適な機種を選定することができる．

2011年に発生した東日本大震災以降は，必ずしもIT機器などの特定機器向け電力だけではなく，一般家庭で必要とするすべての電力を，このような補助電源から供給することの有用性への認識が高まり，UPSという名称ではなく，家庭用蓄電システムなどの呼称で，多くのメーカが新製品を市場に投入している．この場合は，たとえば，安価な深夜電力を蓄電する商用電源からの蓄電機能だけでなく，太陽光発電システムと組み合わせて，太陽光により発電された電力を蓄電して，家庭における効率的なエネルギーマネジメントを図る工夫もなされている．

なお，このような蓄電システムに搭載されている二次電池は，UPSの普及初期には鉛蓄電池が採用されていたが，鉛蓄電池を使用した場合の，電池交換や補水などの定期的なメンテナンスの手間を減ら

〔出典〕 リチウムイオン蓄電池搭載家庭用蓄電池システム，日本電気，2014

図3・5　家庭用蓄電システムの例

すため，近年開発されている蓄電システムの大半は，Li-ion電池を採用するようになった．

余談になるが，比較的大容量の二次電池を搭載しているEVそのものを，この家庭用非常電源の代替として活用するコンセプトも具体化してきた．

3.4 車両用に役立つ二次電池

1997年にトヨタが世界初の量産ハイブリッド車（HEVまたはHV）プリウスを発売した．

HEVはガソリンやディーゼルなどの内燃機関エンジンを主動力とし，二次電池からの電力でモータを回転させてこれを補助動力に使用する複合型の駆動システムを備えている．モータによる駆動は始動時などの低速走行時のみに限定されているものの，それでもある程度の二酸化炭素排出低減効果があること，走行性能が犠牲にされていないため車としての使い勝手がよいこと，そして，既存のガソリンエンジン車と比較して許容できる範囲の価格上昇に止められていることなどから，特に地球温暖化などの環境問題に関心の高い，日本，アメリカ，欧州などのユーザを中心に急速な普及を遂げてきた．

HEVに搭載されている二次電池は，0.5～1.5 kW·h程度と比較的小容量である一方，大きな駆動力（すなわち大電流放電性能）が求められることなどから，大電流放電特性に優れ，耐久性もあるNiMH電池が採用された．現在でもHEVに搭載されている二次電池はNiMH電池が大半である．なお，HEVに搭載された二次電池への充電は，エンジン駆動による走行時にエンジンに接続した発電機を作動させて行う方式が一般的で，外部から給電する仕組みは通常搭載されていない．

HEVが市場に登場してからおよそ30年になるが，この間に，多くの自動車メーカがHEV市場に参入し，HEV車両にもまた搭載された二次電池にもさまざまな改良が加えられてきた．2012年にはトヨタがプラグインハイブリッド車（PHVまたはPHEV）プリウスPHVを発売した．PHVは，搭載する二次電池の容量を高めて，モータによる走行可能距離を大幅に延長させたもので，自車内で完結する充電機能だけでなく，停車中などに外部からの給電（プラグイン，充電）を受けることが可能な構造となっている．欧州でも，PHVとほぼ同様のコンセプトのHEVが，レンジエクステンダーなどの名称で販売されており，市街地内はモータ走行により二酸化炭素の排出を防止し，市外のハイウェーではエンジン走行を行うといった使い方がなされて，徐々に市場に浸透している．

このPHVの登場により，搭載する二次電池の容量増加の必要性に対応するためNiMH電池からLi-ion電池への置換えが進み，比較的小容量のHEVの分野でも，新規モデルや改良モデルでLi-ion電池を搭載する動きが顕在化してきている．

他方，量産タイプの電気自動車（EV）は，2009年に三菱自動車がi-MiEVを，日産自動車がリーフを相次いで市場に登場させて大きな注目を集めた．両車は発売後5年の間に着実に市場に地歩を固めつつあるものの，当初期待されたほどの急速な普及にはまだほど遠い．

この主な理由は，EVが100％モータ駆動走行であるため，走行距離や走行性能が搭載された二次電池の容量によって制約されてしまい，使い勝手がいま一歩の感があるためである．車両のサイズおよび重量，ならびにコストなどの制約から，これまでのところ一般的なEVに搭載されている電池容量は15～30 kW·hであり，この場合は走行距離が200 km程度にとどまる．これを補うための充電ステーションの設置もまだ整備途上であり，また急速充電には少なくとも15～30分が必要で，ガソリンを給油する場合と比較すると時間がかかることなどの使い勝手の悪さが普及速度を鈍くしている要因である．しかし，こうした使い勝手の悪さも，今後車体の改善と電池の性能向上によって，近い将来には解消されるものと期待される．

表3･1は現在市販されているEV/PHVに搭載されているリチウムイオン電池の仕様の抜粋である．

参考までに，HEVプリウス（図3･6）と，EVリーフ（図3･7）の

表3・1 EV/PHV用リチウムイオン電池の仕様例

メーカ	三菱		日産	トヨタ
車名	i-MiEV G	i-MiEV M	リーフ	プリウスPHV
電池メーカ	リチウムエナジージャパン	東芝	AESC	プライムアースEVエナジー
外装	ステンレス缶	アルミ缶	ラミネート	角形缶
負極活物質	マンガン	?	マンガン	NCA
正極活物質	グラファイト	LTO	グラファイト	炭素系
公称電圧（V）	330	270	360	345.6
容量（kW･h）	16	10.5	24	4.4
密度（W･h/L）	218	?	?	?
密度（W･h/kg）	109	?	140	55
電流容量（A）	50	60	35	5
出力（W/kg）	?	?	2 500	?
充電（H/A）	7/15	4.5/15	6/20	?
急速充電 分/%	30/80	15/80	30/80	?
温度範囲°C	−20～50	−20～50	−20～50	−20～50
サイクル寿命	> 1 500	?	?	?

〔出典〕 トヨタ自動車ホームページ

図3・6　HEVプリウスの外観

〔出典〕 日産自動車ホームページ

図3・7　EVリーフの外観

最新モデルの写真を掲載する．

このほかの車両用二次電池についても，若干付言しておきたい．

まず乗用車タイプの車両に関しては，前記HEVおよびPHVに加えて，今後普及が期待される燃料電池車（FCV）がある．燃料電池車の直接的な燃料はもちろん水素であるが，FCVを実際に駆動制御するためには燃料電池で発電された電力をいったん二次電池に蓄え，この二次電池からの放電電力によって駆動および制御が行われる．したがってFCVにはPHVとほぼ同程度の容量の二次電池が搭載されると考えるのが妥当であろう．

次に注目すべきは，トラックやバスなどの大形車両である．わが国でも，ハイブリッドタイプのトラックやバスはかなり普及しているが，隣国の中国では，政府が先頭に立ってEVバスの普及にかなり注力していることは注目に値する．大気汚染が深刻な中国，なかでも北京や上海などの大都市部の深刻さはよく知られているが，こうした都市部で，二酸化炭素を多量に排出する内燃エンジンによるバスの代わりにEVバスを導入することは非常に理にかなっており，Li-ion電池にとってはかなりの大市場が形成される可能性がある．このため，中国政府およびその支援を受ける中国のLi-ion電池メーカの動きには目が離せない．

さらに，電車についても興味深い実用例がある．電車は通常は交流電力を架線とパンタグラフにより車両内に取り込んでモータを駆動する仕組みであり，その意味では二次電池を搭載する必然性はないが，路面電車などでは二次電池を搭載することによって，複雑な交差点などなんらかの理由で架線を設けることが困難な場所でも自車内に搭載した電池から供給される電力により車両の走行を可能にすることができ，路面電車の利便性を向上させることが可能である．大形NiMH電池ギガセルを製造している川崎重工では，こうした考えからギガセルを搭載した低床電池駆動LRV（Light Rail Vehicle）を実用化し，今後の事業拡大を期待している．電車の場合には車両総重量が大きいため，搭載する二次電池の重量はさして大きな問題とはならないので，Li-ion電池と比較してエネルギー密度が劣るNiMH

〔出典〕 川崎重工業ホームページ

図3・8　低床電池駆動LRV SWIMO

電池にとっても，優位に戦いうる市場である．

このほか，自走型の各種重機などにも走行用，および重機としての駆動用動力源として二次電池を搭載するケースが増えているが，紙数の都合で詳細は省略する．

3.5　電力系統で役立つ二次電池

二次電池の応用例の最後に，電力系統で役立つ二次電池について触れる．この分野は10年ほど前までは二次電池の活躍する場所とはみなされていなかったが，再生可能エネルギー導入機運の高まりとともに，既存の電力系統に再生可能エネルギー由来の電力を接続するうえでのさまざまな課題を解消する切り札として二次電池を活用する機運が急速に高まっている．今後の二次電池市場の成長は，前項の車両用の分野とこの電力系統の分野が担うことになるのはほとんど疑う余地がない．

電力系統が担う役割は，公共施設，事業体および一般家庭などへの電力の安定供給，供給する電力品質の維持，ならびに合理的な価格での電力提供である．第1章で述べたように，わが国の電力の大半は，地域ごとに分割された電力会社から供給されており，これら各地の電力会社は自社が保有する火力，水力および原子力などのベースロードを担う発電施設を最も効率的に活用して（すなわち電力会社にとって最も望ましいエネルギーミックスで），需給調整を行いながら，安定的に，必要な電力品質を維持しつつ，電力供給を行っている．

このように安定的に運用されている電力系統に，再生可能エネルギー由来の発電電力を接続すると，さまざまな問題が生じる可能性がある．

第一は電力需給システムの混乱である．第1章でも述べたように，再生可能エネルギー，なかでも主力とみなされる太陽光発電と風力発電は，発電電力量が気象条件などによって大きく変動する．

太陽光発電は，太陽からの光エネルギーを電気エネルギーに変換する発電方式であるため，夜間の出力はほぼゼロである．発電が行われる日中でも，朝夕と正午前後のピーク時の発電出力との差はきわめて大きい．加えて，晴れ，曇り，雨，雪などのさまざまな天候条件，雲やほかの障害物などによる受光パネルの遮光状態，さらには受光パネルの汚れ状態などのさまざまな環境条件が，発電出力を大きく変動させる要因となっている．

風力発電の出力変動要因はもちろん吹く風の状態である．風力，風向などが出力変動の最大要因であり，また台風などの接近に際しては事故防止のため風力発電の運転を停止せざるを得ないことも起こりうる．

このように太陽光発電や風力発電はいわばきわめて気まぐれな発電電力であるため，これを何の調整もせずに電力系統に接続した場合は，電力系統の需給調整機能を混乱させる可能性がきわめて高い．

第二は，電力品質への影響である．

わが国の電力系統では，たとえば電圧変動は100 V系の場合101 ± 6 V（200 V系は202 ± 20 V），瞬時電圧変動（瞬低，逆潮流）は10 %以内，力率は85 %以上などと，実生活使用上で電子・電気機器になんら支障を与えない安定的な電力品質が維持されている．周波数変動については全国一律の基準はないが，これについても各電力会社が独自の社内規格を設けて，実生活上問題が生じないように管理されている．

このような電力系統に，太陽光発電および風力発電の出力を接続することにより，規定を超える瞬時電圧変動や周波数変動などが生じる危険性がある．

こうした，再生可能エネルギー由来の発電電力を電力系統に接続する際に生じうる諸問題を解決する切り札として注目を集めているのが二次電池の活用である．大容量蓄電設備をメガソーラなどの大規模再生可能エネルギー発電施設に併設して，発電電力をこの蓄電システムにいったん蓄えることによって，系統電力と一体化したピークシフト（余剰電力をいったん蓄え，需要ピーク時に系統に出力する）などの電力需給調整機能を有効に働かせることができる．蓄電システムに蓄えられた直流電力は出力の際に，インバータによって交流に変換して出力するため，電力品質を電力系統の品質レベルに適合させることも十分可能である．

メガソーラ（大規模太陽光発電施設）やウィンドファーム（大規模風力発電施設）に大容量蓄電施設を併設して，これら電力需給調整，電力品質維持（アンシラリーサービス）などの効果を実証する試験が，全国各地で盛んに展開されている．

図3・9は，このような大規模施設における大容量蓄電施設設置事

〔出典〕 日本ガイシホームページ

図3・9　風力発電所の大容量蓄電施設設置事例

例である．

また，このような大容量蓄電システムを電力系統の途中，たとえば変電所などに併設することによって，中小規模の太陽光発電施設から電力系統に流入する電力を系統内で安定化（このような系統安定化の仕組みをアンシラリー（Ancillary）サービスと呼び，電圧および周波数の安定化，ならびに微小電圧変動（リップル）の平滑化などが行える）し，系統全体の電力品質安定化に寄与することができる．このような用途向けにコンテナー型の蓄電システムが開発されている（図3・10）．

電力系統に直結する，上記のような大容量蓄電システムのほかに，離島，地域コミュニティー，商業施設，工場，ビルまたはマンションなどのさまざまな規模で，電力系統から供給される電力に加えて，再生可能エネルギー発電施設からの電力，廃棄物や排水から回収するエネルギーおよび大容量蓄電施設蓄電システムを一体として運用し，全体としてエネルギーマネジメントの最適化を図る試みも，各地で活発に行われている．

また，電力の大口需要家である鉄道会社などでは，個々の電車の

〔出典〕 NECホームページ

図3・10　コンテナー型蓄電システム

省エネ化とは別に，架線に電力を供給する変電所などに大形蓄電施設を併設して，車両にブレーキをかける際の力学エネルギーを電気エネルギーに変換して回生（蓄電）し，ほかの走行中の車両への給電に役立たせるなど，運転系統全体のエネルギー効率を向上させる試みもなされており，成果が注目されている．

これらの大形蓄電システムにこれまでに採用されている二次電池は，NiMH電池，Li-ion電池，およびNaS電池であるが，近い将来にはこれらにレドックスフロー電池が加わり，特徴を生かした，激しい開発競争，受注獲得競争が展開されるものと思われ，結果としてこのような電力系統の効率化に二次電池が大きな役割を担うことが期待される．

3.6　輝かしい未来を支える二次電池

以上述べてきたように，二次電池が，人間生活にとって欠くことのできない，重要なデバイス，重要なシステムであり，今後ますますその役割が増すことは疑う余地がない．おそらく，二次電池事業は人類の未来を担う基幹事業の一つとなっていくであろう.

その間に，各研究機関，各メーカの不断の努力によって，より高性能，より安全，より使いやすく，そしてより安価な二次電池が次々に実用化されていくであろうことを期待したい.

ただ，二次電池を使用するユーザである読者に，一言付言しておきたい．それは，「二次電池は，大きなエネルギーを凝縮したデバイスである！」ということである.

たとえ，二次電池メーカが最善の注意を払って開発，製造した二次電池であっても，使用法を誤ると発煙，発火にいたる危険性が全くないとはいいきれない．二次電池を使用する際には，常に「安全性が第一」であることに留意していただきたい.

そして，読者とともに，二次電池の輝かしい未来の実現に，夢をはせたい.

索　引

数字

アルファベット

あ

か

さ

た

な

おわりに

「スッキリ！　がってん！　二次電池の本」を何とか書き上げることができました．

執筆に当たって，感じていた不安のとおり，筆者の浅学，非才は，稿を書き進めるにつれて，次から次にと筆者を苦しめましたが，それでもようやくほぼ所定の紙数を埋めることができました．

読み返してみると，果たしてこの文章の内容で，読者のご理解が得られるであろうか，と不安に思う部分も多々あり，また説明が重複して，わずらわしく思われる部分も散見されますが，敢えて本書の執筆にチャレンジした筆者の蛮勇に免じて，ご寛恕いただければ幸いです．

本書が，読者の二次電池へのご理解にすこしでもお役に立てたとすれば，筆者の望外の幸せです．

本書の執筆に当り，次の資料を参考にさせて頂き，一部データを転用させて頂きました．ここに記して，心からの謝意を表させていただきます．

・二次電池市場・技術の実態と将来展望（2014年版）
（日本エコノミックセンター）
・エネルギー・経済統計要覧（2014年版）
（日本経済研究所）
・はじめての二次電池技術
（工業調査会）

・NEDO二次電池技術開発ロードマップ2013
（新エネルギー．産業技術総合開発機構）

また，パナソニック，東芝，NEC，GSユアサ，日立化成，日本ガイシ，川崎重工業，住友電気工業，シャープ，トヨタ，日産，東京ガス，NECトーキンなどの各社のホームページから，写真や一部掲載データを借用させて頂きました．借用のご容赦を頂きますよう，お願い申し上げます．

最後に，本書の出版に当り，全面的なご支援，ご協力を頂きました，電気書院の松田和貴様に心から御礼申し上げます．

2015年11月　著者記す

著 者 略 歴

関 勝男（せき かつお）

1968年 横浜国立大学工学部電気工学科卒業，NECに入社
1990年 Moli Energy (1990)に出向
1996年 NECに復帰
2000年 NECを繰り上げ定年退職．日本モリエナジー（後NECモバイルエナジー）に移籍
2002年 NECモバイルエナジー清算に伴いNECトーキンに移籍
2008年 NECトーキン退職，個人企業ヴィックス設立
代表として，主に電池，太陽電池，レアメタルなどに関する執筆，講演，翻訳に従事

スッキリ！がってん！ 二次電池の本

2015年12月11日 第1版第1刷発行

著 者 関（せき） 勝（かつ） 男（お）
発行者 田 中 久 米 四 郎

発 行 所
株式会社 電 気 書 院
ホームページ www.denkishoin.co.jp
（振替口座 00190-5-18837）
〒101-0051 東京都千代田区神田神保町1-3ミヤタビル2F
電話(03)5259-9160／FAX(03)5259-9162

印刷 中央精版印刷株式会社
Printed in Japan／ISBN978-4-485-60022-1

書籍の正誤について

万一，内容に誤りと思われる箇所がございましたら，以下の方法でご確認いただきますようお願いいたします．

なお，正誤のお問合せ以外の書籍の内容に関する解説や受験指導などは**行っておりません**．このようなお問合せにつきましては，お答えいたしかねますので，予めご了承ください．

正誤表の確認方法

最新の正誤表は，弊社Webページに掲載しております．「キーワード検索」などを用いて，書籍詳細ページをご覧ください．

正誤表があるものに関しましては，書影の下の方に正誤表をダウンロードできるリンクが表示されます．表示されないものに関しましては，正誤表がございません．

弊社Webページアドレス
http://www.denkishoin.co.jp/

正誤のお問合せ方法

正誤表がない場合，あるいは当該箇所が掲載されていない場合は，書名，版刷，発行年月日，お客様のお名前，ご連絡先を明記の上，具体的な記載場所とお問合せの内容を添えて，下記のいずれかの方法でお問合せください．

回答まで，時間がかかる場合もございますので，予めご了承ください．

郵送先

〒101-0051
東京都千代田区神田神保町1-3
ミヤタビル2F
㈱電気書院　出版部　正誤問合せ係

FAXで問い合わせる

ファクス番号 **03-5259-9162**

弊社Webページ右上の「**お問い合わせ**」から
http://www.denkishoin.co.jp/

お電話でのお問合せは，承れません

（2015年10月現在）